全国水利行业规划教材　高职高专水利水电类
中国水利教育协会策划组织

土工试验指导

主　编　赵秀玲　李宝玉
副主编　张　茹　楼　骏　姚丽红
主　审　吴玲洪

黄河水利出版社
·郑州·

内容提要

本书是全国水利行业规划教材，是根据中国水利教育协会全国水利水电高职教研会制定的土工试验指导课程教学大纲编写完成的。本书共分十二章，主要内容包括土的工程分类、土样和试样制备、含水率试验、密度试验、比重试验、土的界限含水率试验、颗粒分析试验、土的渗透试验、土的击实试验、土的固结试验、土的直接剪切试验及三轴压缩试验等，并附有土工试验成果总表。

本书适于高职高专院校水利水电工程、农田水利、工业与民用建筑、道桥、工程监理、工程造价等专业，也可供工程技术人员参考使用。

图书在版编目(CIP)数据

土工试验指导/赵秀玲，李宝玉主编. —郑州：黄河水利出版社，2010.3 (2016.3 修订重印)
全国水利行业规划教材
ISBN 978-7-80734-802-3

Ⅰ.①土… Ⅱ.①赵…②李… Ⅲ.①土工试验-高等学校：技术学校-教材 Ⅳ.①TU41

中国版本图书馆 CIP 数据核字(2010)第 038896 号

组稿编辑：王路平 电话：0371-66022212 E-mail：hhslwlp@163.com

出 版 社：黄河水利出版社
地址：河南省郑州市顺河路黄委会综合楼 14 层 邮政编码：450003
发行单位：黄河水利出版社
发行部电话：0371-66026940、66020550、66028024、66022620(传真)
E-mail：hhslcbs@126.com
承印单位：郑州一帆印务有限公司
开本：787 mm×1 092 mm 1/16
印张：7.5
字数：180 千字 印数：12 001—16 000
版次：2010 年 3 月第 1 版 印次：2016 年 3 月第 4 次印刷
2012 年 5 月修订

定价：15.00 元

前 言

本书是根据《教育部、财政部关于实施国家示范性高等职业院校建设计划，加快高等职业教育改革与发展的意见》（教高[2006]14号）、《教育部关于全面提高高等职业教育教学质量的若干意见》（教高[2006]16号）等文件精神，由全国水利水电高职教研会拟定的教材编写规划，在中国水利教育协会指导下，由全国水利水电高职教研会组织编写的第二轮水利水电类专业规划教材。第二轮教材以学生能力培养为主线，具有鲜明的时代特点，体现出实用性、实践性、创新性的教材特色，是一套理论联系实际、教学面向生产的高职高专教育精品规划教材。

为配合土力学课堂理论教学和试验教学，帮助学生加深对土力学课程基本概念和基本理论的理解，掌握土工试验的方法与试验成果的整理，以及试验条件和注意事项等，更好地为走向工作岗位服务，同时也方便学生自学，我们编写了这本配套学习教材。

本书是学习全国高职高专水利水电类专业规划教材《土力学》（张守民、张书俭主编，黄河水利出版社出版）、《工程地质与土力学》（刘福臣、杨绍平主编，黄河水利出版社出版）、《土力学与地基基础》（吴玲洪、黄敬文主编，黄河水利出版社出版）的配套教材。全书的名词、术语、符号均按《土工试验规程》（SL 237—1999）及《建筑地基基础设计规范》（GB 50007—2002）中的有关规定确定。

全书共分十二章。第一章为土的工程分类，介绍了土的分类目的和适用范围，土的分类方法及一般要求。第二章为土样和试样制备，介绍了扰动土试样及原状土试样的制备和试样饱和。第三章为含水率试验，介绍了含水率的试验方法及原理，主要有烘干法、酒精燃烧法、比重法等。第四章为密度试验，介绍了用环刀法、蜡封法、灌砂法、灌水法等四种方法测定土的密度的试验原理、操作步骤及试验成果整理。第五章为比重试验，介绍了测定土的比重的三种试验方法，即比重瓶法、浮称法和虹吸筒法。第六章为土的界限含水率试验，介绍了液限、塑限、缩限的实验室测定方法，主要包括液塑限联合测定试验、碟式仪液限试验、圆锥仪液限试验、滚搓测定塑限试验及缩限试验。第七章为颗粒分析试验，主要介绍了筛析法、密度计法、移液管法三种颗粒分析方法的适用范围、仪器使用、操作步骤、试验记录及成果整理。第八章为土的渗透试验，主要介绍了常水头法（适用于透水性较强的粗粒土）、变水头法（适用于透水性较弱的细粒土）、加荷式渗透法（适用于透水性很小的黏性土）等三种测定渗透系数方法。第九章为土的击实试验，介绍了击实试验的目的和适用范围及试验方法。第十章为土的固结试验，介绍了标准固结试验、快速固结试验、应变控制连续加荷固结试验三种方法的仪器设备、操作方法及成果整理。第十一章为土的直接剪切试验，介绍了采用直接剪切试验测定土的抗剪强度指标，包括快剪、固结快剪和慢剪三种试验方法。第十二章为三轴压缩试验，介绍了三轴压缩试验的目的、原理和试验方法，以及应变控制式三轴仪及附属设备的组成和使用，并重点介绍了不固结不排水剪、固结不排水剪和固结排水剪三种三轴压缩试验方法的试验步骤、记录及成果整理。同时，在各章的后面附有思考题，供学生在学习过程中练习。

本书编写人员及编写分工如下：河南水利与环境职业学院李宝玉（绪论、第一章、第二章、第五章）；山西水利职业技术学院张茹（第三章、第九章、第十章）；浙江同济科技职业学院楼骏（第四章、第十二章）；辽宁水利职业学院赵秀玲（第六章、第七章、第八章），姚丽红（第十一章）。全书由赵秀玲和李宝玉担任主编，赵秀玲负责全书统稿工作，由张茹、楼骏、姚丽红担任副主编，由浙江同济科技职业学院吴玲洪担任主审。

由于编者水平有限，不妥之处在所难免，恳请读者批评指正。

编　者

2009 年 12 月

目　录

绪论

一、土工试验的作用

土是地壳上分布广泛、与各种工程建筑关系密切的建筑材料。土可以作为建筑物的天然地基和介质。在坝堤、桥梁、斜坡路基、港口码头等各类工程的兴建过程中,涉及许多岩土问题。合理地解决这些问题需要科学的程序,即勘测与测试、试验与分析、利用土力学的理论设计计算、施工并对施工过程及使用时期进行监测,用监测数据反过来指导设计计算。如果各项岩土参数测试不正确,那么不管设计理论和方法如何先进、合理,工程的精度仍然得不到保证,所以土工试验是从根本上保证岩土工程设计的精确性及经济合理的重要手段,也是岩土工程规划和设计的前期工作。

土工试验不仅在岩土工程中起着十分重要的作用,而且在土力学理论的研究和发展过程中也起着决定性的作用。例如摩尔－库仑强度理论、达西定律、土的压实理论等土力学理论都是在试验基础上得出的结果;通过试验建立起来的土的非线性应力—应变关系及应力路径的描述,又使岩土工程性质的分析工作得以提高到新的水平。可以说,土工试验在工程实践中是以土力学理论为指导的,而土力学理论的研究又是以土工试验为依据而得以发展的。

二、土工试验的目的

土工试验的目的,就在于正确取得土和岩石的物理、力学性质指标,以供设计计算、施工时使用。但是,由于土是由土粒、水和气体三相组成的复杂材料,其性质受到土的密度、含水率、颗粒大小及孔隙水中的化学成分等多种因素的影响。当土体与建筑物共同作用时,其力学性质又因受力状态、应力历史、加荷速率和排水条件的不同而变得更加复杂。目前,在解决土工问题时,尚不能像其他力学学科一样具备系统的理论和严密的数学公式,而必须借助经验、现场试验及室内试验辅以理论计算。在试验时,若要考虑所有因素的影响是有一定困难的,因此必须抓住主要因素加以简化,并依此建立试验原理。

根据试验原理设计试验方法时,试验方法往往有许多,例如土的强度试验、土的压缩试验。究竟采用何种试验方法必须根据工程实际情况、土的受力条件、土的性质确定,否则,就会由于试验方法不当而使试验指标出现误差。试验时又由于试样的数量有限不能完全代表土的性质、在取样和运输过程中土样的扰动、试验时的条件简化、试验人员的熟练程度不同等情况,使试验结果与工程实际有一定的偏差。

因此,为了达到试验目的,正确取得土的物理、力学性质指标,使土工试验能够比较正确地反映实际土的性质,试验人员必须掌握土工试验基本理论、基本知识和基本技能。

三、土工试验项目

土工测试大致分为在现场直接测定的原位测试试验、从现场采取土样送至实验室所做的室内试验两大部分。本书只介绍室内土工试验。

室内土工试验分为土的物理性试验和力学性试验两大类。

(一)土的物理性试验

土的物理性试验包括含水率试验、密度试验、比重试验、相对密度试验、颗分试验等。这些试验主要用于土的工程分类及判断土的状态(见表0-1)。

表0-1　土的物理性试验

种类	试验项目	试验结果	成果的应用
土的物理性试验	含水率试验	含水率(ω)	计算土的基本物理性指标
	界限含水率试验 液限试验 塑限试验 收缩试验	 液限(ω_L) 塑限(ω_P) 塑性指数(I_P) 液性指数(I_L) 缩限(ω_s) 收缩比 体缩 线缩	利用塑性图进行土的工程分类,判定土的状态
	密度试验	土的密度(ρ) 土的干密度(ρ_d)	计算土的基本物理性指标及土的压实性
	比重试验	土粒比重(G_s)	计算土的基本物理性指标
	相对密度试验 最大孔隙比 最小孔隙比	相对密度(D_γ) 最小干密度(ρ_{dmin}) 最大干密度(ρ_{dmax})	判定砂砾土的状态
	颗分试验 筛分析 沉淀法分析	颗粒大小分布曲线 有效粒径(d_{10}) 不均匀系数(c_u) 曲率系数(c_c)	用于土的工程分类及作为材料的标准

(二)土的力学性试验

土的力学性试验包括渗透性试验、击实试验、压缩性试验和强度试验等,主要目的是直接提供设计参数(见表0-2)。

表 0-2　土的力学性试验

种类	试验项目	试验结果	成果的应用
	击实试验	含水率与干密度曲线 最大干密度($\rho_{d\max}$) 最优含水率(ω_{op})	用于填土工程施工方法的选择和质量控制
	CBR 试验	CBR 值	用于路面设计
	渗透试验 常水头试验 变水头试验	渗透系数(k)	用于有关渗透问题的计算
土的力学性试验	固结试验	孔隙比与压力曲线 压缩系数(a_v) 体积压缩系数(m_V) 压缩指数(C_c) 回弹指数(C_s) 先期压力(P_c)	计算黏性土体的沉降量
	剪切试验 直剪切试验	时间与压缩曲线 固结系数(c_V) 抗剪强度参数 内摩擦角：(φ_q,φ_{cq},φ_s) 黏聚力 (C_q,C_{cq},C_s)	计算黏性土体的沉降速率
	无侧限抗压强度	抗压强度(q_u) 灵敏度 (S_t)	计算地基、斜坡、挡土墙的稳定性
	三轴剪切	应力—应变关系 内摩擦角：(φ_u,φ_{cu},φ_{CD}) 黏聚力：(C_u,C_{cu},C_d) 孔隙水压力系数：A、B 应力—应变关系	

第一章　土的工程分类

【教学重点及要求】

1. 了解土的分类目的和适用范围。
2. 掌握土分类的方法和步骤。

第一节　目的和适用范围

在实际工程中往往我们会遇到各种各样的土，不同的环境形成的土，其成分和工程性质差异很大。对土进行分类的目的就是根据工程实践经验，将工程性质相近的土归成一类并予以定名，以便于对其性质进行深入研究，为工程设计和施工提供依据。

土的工程分类方法适用于各类工程用土，包括一般土和特殊土，不适用于混凝土所用砂、石料和有机土。因为混凝土中采用的砂、石料有其特殊要求，有机土一般不允许在工程中应用。

第二节　一般要求

一、工程用土的类别特性指标确定

(1) 土颗粒组成及其特性；

(2) 土的塑性指标：液限(ω_L)、塑限(ω_P)和塑性指数(I_P)；

(3) 土中有机质存在情况。

当前的科学水平表明，粗粒土的性质主要取决于土的颗粒粒径分布和它们的特征；而细粒土的性质主要取决于土粒和水相互作用时的状态，即取决于土的塑性。土中有机质对土的工程性质有影响。土颗粒的分布特征可以用筛分析法确定，土的塑性指标易于借常规试验测定。这些特征与指标在现场目测和用触感的经验方法也容易估计。根据这些特征和指标判别土类既能反映土的主要物理力学性质，操作也方便。

二、土的粒组划分

土的粒组划分应按照表 1-1 规定的土颗粒粒径范围划分。

三、土的级配指标

(1) 不均匀系数 c_u 是反映土中颗粒均匀程度的一个系数，按下式计算：

$$c_u = \frac{d_{60}}{d_{10}} \tag{1-1}$$

表 1-1　土的粒组划分

粒组统称	粒组名称		粒径(d)的范围划分(mm)
巨粒组	漂石(块石)		$d > 200$
	卵石(碎石)		$60 < d \leqslant 200$
粗粒组	砾粒(角砾)	粗砾	$20 < d \leqslant 60$
		中砾	$5 < d \leqslant 20$
		细砾	$2 < d \leqslant 5$
	砂粒	粗砂	$0.5 < d \leqslant 2$
		中砂	$0.25 < d \leqslant 0.5$
		细砂	$0.075 < d \leqslant 0.25$
细粒组	粉粒		$0.005 < d \leqslant 0.075$
	黏粒		$d \leqslant 0.005$

(2)曲率系数 c_c 是反映粒径分布曲线的形状,表示颗粒级配优劣程度的一个系数,按下式计算:

$$c_c = \frac{d_{30}^{\ 2}}{d_{10} d_{60}} \tag{1-2}$$

式中 d_{10}、d_{30} 和 d_{60} 分别为土的粒径分布曲线上对应于粒径累计质量占总质量 10%、30%、60% 的粒径(mm)。

四、基本代号

土的成分、级配、液限和特殊土等基本代号及其含义如下:

漂石(块石)	B	有机质土	O
卵石(碎石)	Cb	黄土	Y
砾	G	膨胀土	E
砂	S	红黏土	R
粉土	M	级配良好	W
黏土	C	级配不良	P
细粒土(C 和 M 合称)	F	高液限	H
混合土(粗、细粒土的合称)	SI	低液限	L

五、代号构成

表示土类的代号按下列规定构成:

(1)一个代号即表示土的名称。例如,C 表示黏土,G 表示砾。

(2)由两个基本代号构成时,第一个基本代号表示土的主成分,第二个基本代号表示特征指标(土的级配或土的液限)。例如,CH 表示高液限黏土,SW 表示级配良好砂。

(3)由三个基本代号构成时,第一个基本代号表示土的主成分,第二个基本代号表示液限的高低(或级配的好坏),第三个基本代号表示所含次要成分。例如,CHG 表示含砾高液限黏土,MLS 表示含砂低液限粉土。

第三节　土的分类

一、分类体系

按照水利部《土工试验规程》(SL 237—1999)的规定,土的总分类体系见图 1-1。

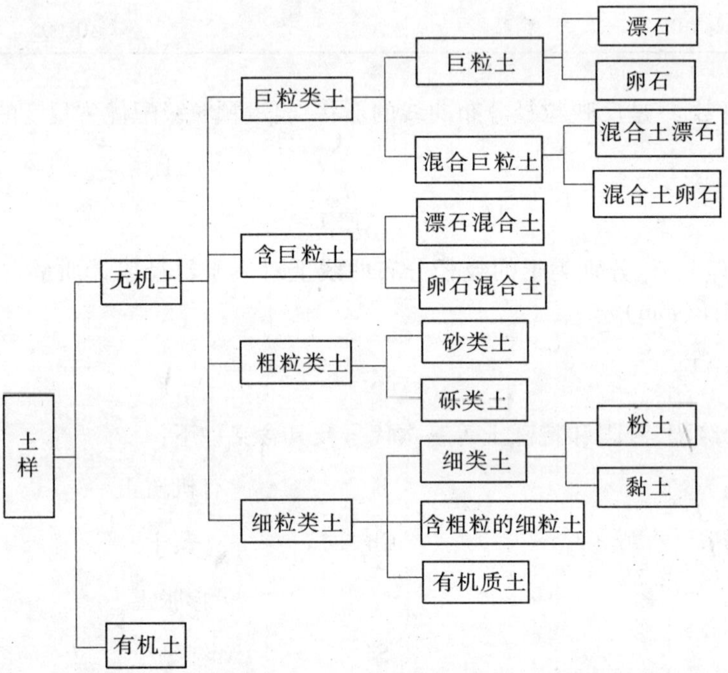

图 1-1　土的总分类体系

二、一般程序

(一)有机土和无机土

根据土中未完全分解的动植物残骸和无定形物质,判断是有机土还是无机土。有机质呈黑色、青黑色或暗色,有臭味,手触有弹性和海绵感;不含或基本不含有机质时,为无机土。当不能判断时,可将试样在 105 ~ 110 ℃的烘箱烘烤一昼夜,烘烤后试样的液限降低到未烘烤试样液限的 3/4 时,则试样为有机土。

(二)巨粒土和含巨粒土、粗粒土和细粒土细分类

(1)试样中巨粒组质量大于总质量50%的土称巨粒类土。

(2)试样中巨粒组质量为总质量15% ~50%的土称为含巨粒土。

(3)试样中巨粒组质量小于总质量的15%时,可扣除巨粒,按粗粒土或细粒土的相应规定分类定名。

(4)试样中粗粒组质量大于总质量50%的土称为粗粒类土。

(5)试样中细粒组质量大于或等于总质量50%的土则为细粒类土。

(三)巨粒类土、含巨粒土、粗粒类土或细粒类土进一步分类

1.巨粒类土和含巨粒土的分类定名

其分类定名见表1-2。

表1-2 巨粒土和含巨粒土的分类

土类	粒组含量		土代号	土名称
巨粒土	巨粒含量100% ~75%	漂石粒含量>50%	B	漂石
		漂石粒含量≤50%	Cb	卵石
混合巨粒土	50%<巨粒含量<75%	漂石粒含量>50%	BSI	混合土漂石
		漂石粒含量≤50%	CbSI	混合土卵石
含巨粒土	巨粒含量50% ~15%	漂石粒含量>50%	SIB	漂石混合土
		漂石粒含量≤50%	SICb	卵石混合土

2.粗粒类土的分类和定名

粗粒类土又分为砾类土和砂类土。按下列规定划分:

(1)试样中砾粒组质量大于总质量50%的土称砾类土。

砾类土根据其中的细粒含量及类别、粗粒组的级配,按表1-3分类定名。

表1-3 砾类土的分类

土类	粒组含量		土代号	土名称
砾	细粒含量小于5%	级配:$c_u \geq 5, c_c = 1 \sim 3$	GW	级配良好的砾
		级配:不同时满足上述要求	GP	级配不良的砾
含细粒土砾	细粒含量5% ~15%		GF	含细粒土砾
细粒土质砾	15%<细粒含量≤50%	细粒为黏土	GC	黏土质砾
		细粒为粉土	GM	粉土质砾

注:表中细粒土质砾石类应按细粒土在塑性图中的位置定名。

(2)试样中砾粒组质量小于或等于总质量50%的土称砂类土。

砂类土根据其中的细粒含量及类别、粗粒组的级配,按表1-4分类定名。

表 1-4　砂类土的分类

土类	粒组含量		土代号	土名称
砂	细粒含量小于 5%	级配：$c_u \geqslant 5$，$c_c = 1 \sim 3$	SW	级配良好的砂
		级配：不同时满足上述要求	SP	级配不良的砂
含细粒土砂	细粒含量 5% ~15%		SF	含细粒土砂
细粒土质砂	15% < 细粒含量 ≤50%	细粒为黏土	SC	黏土质砂
		细粒为粉土	SM	粉土质砂

注：表中细粒土质砂土类应按细粒土在塑性图中的位置定名。

3. 细粒类土的分类和定名

细粒类土按下列规定划分：

(1) 试样中粗粒组质量小于总质量 25% 的土称细粒土。

(2) 试样中粗粒组质量为总质量 25% ~50% 的土称含粗粒的细粒土。

(3) 试样中含部分有机质（有机质含量 $5\% \leqslant O_u \leqslant 10\%$）的土称为有机质土。

1) 细粒土的分类

细粒土应根据塑性图（见图 1-2）和表 1-5 进行分类和命名。

塑性图的横坐标为土的液限 ω_L，纵坐标为塑性指数 I_P。塑性图中有 A、B 两条界限线。

A 线方程式：$I_P = 0.73(\omega_L - 20)$。$A$ 线上侧为黏土，下侧为黏土。

B 线方程式：$\omega_L = 50$，$\omega_L \geqslant 50$ 为高液限，$\omega_L < 50$ 为低液限。

首先根据细粒土的 ω_L 和 I_P 从塑性图（见图 1-2）中确定土的类别，然后按表 1-5 进行分类。

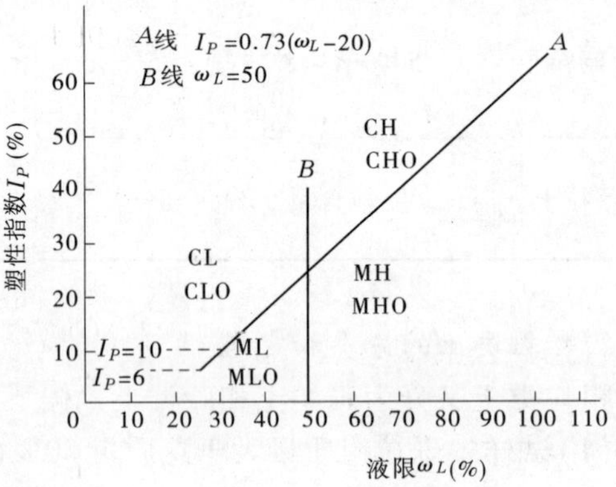

图 1-2　塑性图

表 1-5　细粒土的分类

土的塑性指标在图中的位置		土代号	土名称
塑性指数 I_P	液限 ω_L		
$I_P \geqslant 0.73(\omega_L - 20)$	$\omega_L \geqslant 50$	CH	高液限黏土
		CL	低液限黏土
$I_P < 0.73(\omega_L - 20)$	$\omega_L < 50$	MH	高液限粉土
		ML	低液限粉土

2) 含粗粒的细粒土的分类

含粗粒的细粒土应先按表 1-5 的规定确定细粒土名称，再按下列规定最终定名：粗粒中砾粒占优势,称含砾细粒土,土代号后缀以代号 G,如 CHG 为含砾高液限黏土,CLG 为含砾低液限黏土。

粗粒中砂粒占优势,称含砂细粒土,土代号后缀以代号 S,如 CHS 为含砂高液限黏土,CLS 为含砂低液限黏土。

3)有机质土的分类

有机质土是按表 1-5 规定定出细粒土名称,再在各相应土类代号之后缀以代号 O,如 CHO 为有机质高液限黏土,MLO 为有机质低液限粉土。

第四节 土的简易鉴别、分类和描述

一、土的简易鉴别方法

简易鉴别法是用目测法代替筛析法确定土颗粒组成及其特征;用干强度、手捻、搓条、韧性和摇振反应等定性方法代替用仪器测定土的塑性。

(一)有机土的判定

土的有机质可以按照《土工试验规程》(SL 237—1999)的规定,根据土中未完全分解的动植物残骸和无定形物质判定是有机土还是无机土,有机质呈黑色、青黑色或暗色,手触有弹性和海绵感。

(二)粒组的判定

在确定土粒粒组含量时,可以将研碎的风干试样摊成一薄层,目测估计土中巨、粗、细粒组所占的比例。试样中巨粒组质量大于总质量 50% 的为巨粒类土,15% ~50% 的为巨粒混合土,小于 15% 的可以按照粗粒土或细粒土的相应规定定名。

(三)干强度试验

将一小块土捏成土团风干后用手指掰断、捻碎。根据用力大小可区分为:

干强度高——很难或用力才能捏碎或掰断;

干强度中等——稍用力即可捏碎或掰断;

干强度低——易于捏碎或捻成粉末。

(四)手捻试验

将稍湿或硬塑的小土块在手中揉捏,然后用拇指和食指将土捻成片状。根据手感和土片光滑度可区分为:

塑性高——手感滑腻,无砂,捻面光滑;

塑性中等——稍有滑腻感,有砂粒,捻面稍有光泽;

塑性低——稍有黏性,砂感强,捻面粗糙。

(五)搓条试验

将含水率略大于塑限的湿土块在手中揉捏均匀,再在手掌上搓成土条。根据土条断裂而能达到的最小直径可区分为:

塑性高——能搓成直径小于 1 mm 的土条;

塑性中等——能搓成直径为 1 ~3 mm 的土条;

塑性低——能搓成直径大于3 mm的土条即断裂。

(六)韧性试验

将含水率略大于塑限的土块在手中揉捏均匀,然后在手掌中搓成直径为3 mm的土条,再揉成土团。根据再次搓条的可能性可区分为:

韧性大——能揉成土团,再搓成条,捏而不碎;

韧性中等——可再揉成团,捏而不易碎;

韧性小——勉强或不能揉成团,稍捏或不捏即碎。

(七)摇振反应试验

将软塑至流动的小土块捏成土球,放在手掌上反复摇晃,并用另一手振击该手掌,土中自由水渗出,球面呈现光泽;用两手指捏土球,放松手水又被吸入,光泽消失。根据上述渗水和吸水反应快慢,可区分为:

反应快——立即渗水和吸水;

反应中等——渗水和吸水中等;

反应慢(无反应)——渗水和吸水慢(不吸不渗)。

二、简易鉴别分类

巨粒土和粗粒土根据目测结果,按照表1-2~表1-4进行分类,细粒土可以根据上述简易试验结果按照表1-6分类。

表1-6 细粒土的简易分类

半固态时的干强度	硬塑-可塑态时的手捻感和光滑度	土在可塑态时		软塑-流塑态时的摇振反应	土类代号
		可搓成最小直径(mm)	韧性		
低-中	灰黑色,粉粒为主,稍黏,捻面粗糙	3	低	快-中	MLO
中	砂粒稍多,有黏性,捻面较粗糙,无光泽	2~3	低	快-中	ML
中-高	有砂粒,稍有滑腻感,捻面稍有光泽,灰黑色者为CLO	1~2	中	无-很慢	CL CLO
中	粉粒较多,有滑腻感,捻面较光滑	1~2	中	无-慢	MH
中-高	灰黑色,无砂,滑腻感强,捻面光滑	<1	中-高	无-慢	MHO
高-很高	无砂感,滑腻感强,捻面稍有光泽,灰黑色者为CHO	<1	高	无	CH CHO

三、土状态描述

在现场采样和试验开启土样时,应按下述内容描述土的状态。

(1)巨粒土和粗粒土:通俗名称及当地名称,土颗粒的最大粒径;漂石粒、卵石粒、砾粒，砂粒组的含量百分数；土颗粒形状（圆、次圆、棱角或次棱角），土颗粒矿物成分，土的颜色和有机物含量；细粒土成分（黏土或粉土）；土的代号和名称。

示例：粉质砂土，含砾约20%，最大粒径约10 mm，砾坚，带棱角；砂粒由粗到细，粒圆，含约15%的无塑性粉质土，干强度低，密实，天然状态潮湿，系冲积砂（SM）。

（2）细粒土：通俗名称及当地名称，土粒的最大粒径；巨粒、砾粒，砂粒组的含量百分数，潮湿时颜色及有机质含量；土的湿度（干、湿、很湿或饱和）；土的状态（流动、软塑、可塑或硬塑）；土的塑性（高、中或低）；土的代号和名称。

示例：黏质粉土，棕色，微有塑性，含少量细砂，有无数垂直根孔，天然状态坚实，系黄土（CLY）。

土的状态应根据不同用途按下列各项分别描述。

（1）当用做填土时：不同土类的分布层次和范围。

（2）当用做地基时：土类的分布层次及范围，土层结构，层理特征，密实度和稠度。

思考题

1-1　土的工程分类的目的是什么？

1-2　如何对土进行工程分类？

第二章 土样和试样制备

【教学重点及要求】

1. 了解土样和试样制备的目的、适用范围。
2. 了解土样和试样制备的各种仪器并熟练操作。
3. 掌握土样和试样制备的操作步骤和注意事项。
4. 学会试验资料整理。

第一节 目的和适用范围

土样和试样的制备程序是试验工作的第一个质量要素,为保证试验结果的可靠性和试验数据的可比性,必须统一土样和试样的制备方法与程序。制备步骤的正确与否将直接影响试验成果。

试样的制备分为原状土试样制备和扰动土试样制备。扰动土样在试验前必须经过制备程序,包括土的风干、碾碎、过筛、均土、分样、储存及制备试样等过程;对封闭原状土样除小心搬运和妥善存放外,在试验前不应开启,尽量使土样少受扰动;土样制备程序应视不同的试验而异,故土样制备前应拟订土工试验计划。

本试验适用于颗粒粒径小于60 mm的扰动土样的预备程序,扰动土样和原状土样的制备程序。

根据力学性质试验项目要求,原状土样同一组试样间密度的允许差值为0.03 g/cm^3;对扰动土样,为了控制试样的均匀性,减少试验数据的离散性,一般用含水率和密度作为控制指标,不能仅规定各试样间的允许误差,还要规定试样的密度和含水率的允许误差,所以规定同一组试样的密度与要求的密度之差不得大于0.01 g/cm^3,一组试样的含水率与要求的含水率之差不得超出±1%。

第二节 仪器设备

所用仪器设备如下:

(1)细筛:孔径5 mm、2 mm、0.5 mm。

(2)洗筛:孔径0.075 mm。

(3)台秤:称量10~40 kg,最小分度值5 g。

(4)天平:称量1 kg,最小分度值0.1 g;称量200 g,最小分度值0.01 g。

(5)碎土器:磨土机。

(6)击样器:如图2-1所示。

(7)压样器:如图2-2所示。

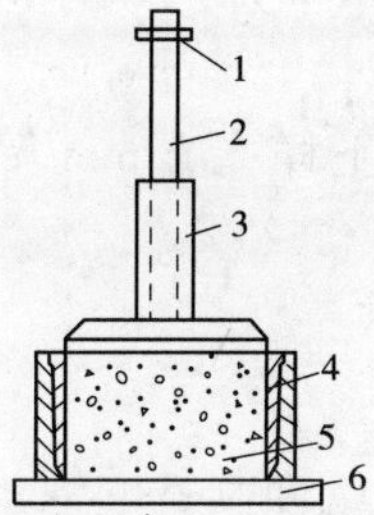

1—定位环；2—导杆；3—击锤；
4—环刀；5—试样；6—底座

图 2-1 击样器

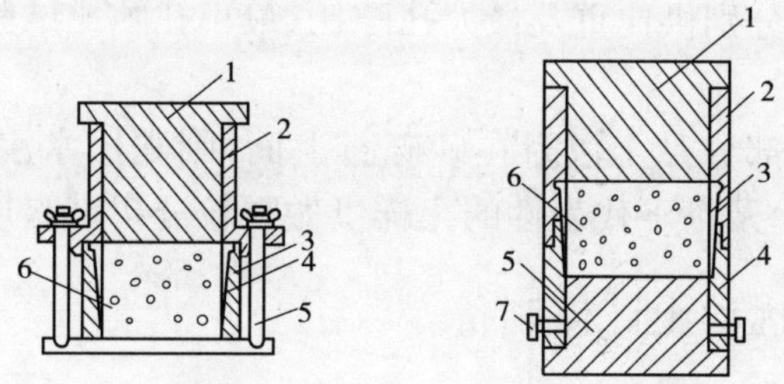

(a)单向

1—活塞；2—导筒；3—护环；
4—环刀；5—拉杆；6—试样

(b)双向

1—上活塞；2—上导筒；3—环刀；
4—下导管；5—下活塞；6—试样；7—销钉

图 2-2 压样器

(8)饱和器：如图 2-3 所示。

(9)抽气设备：应附真空表和真空缸。

(10)其他：烘箱、干燥器、保湿器、研钵、木碾、橡皮板、切土刀、钢丝锯、凡士林、喷水设备等。

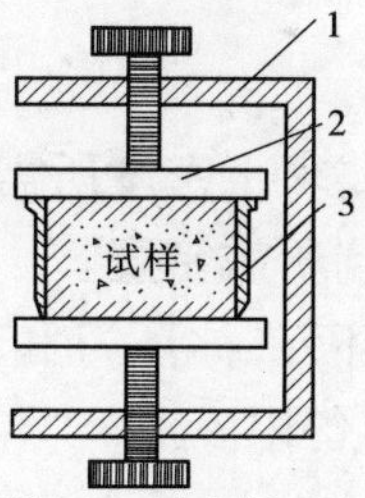

1—框架；2—透水板；3—环刀

图 2-3 框式饱和器

第三节 扰动土试样制备

一、扰动土试样制备程序

(一)细粒土样制备程序

(1)将扰动土样进行土样描述，如颜色、土类、气味及夹杂物等。若有需要，将扰动土样充分拌匀，取代表性土样测定含水率。将块状扰动土放在橡皮板上，用木碾或粉碎机碾散，但切勿压碎颗粒，若含水率较大不能碾散，应风干至可碾散时为止。

(2)根据试验所需土样数量，将碾散后的土样过筛。物理性试验如液限、塑限、缩限等试验，过 0.5 mm 筛；力学性试验土样，过 2 mm 筛；击实试验土样，过 5 mm 筛。过筛后用四分对角取样法或分砂器，取出够总数量的代表性土样，分别装入玻璃缸内备用，标以标签。对于风干土，需测定风干含水率。

(3)配制一定含水率的土样，取过 2 mm 筛的足够试验用的风干土 1 ~ 5 kg，平铺在不吸水的盘内按式(2-2)计算所需的加水量。

用喷雾器喷洒预计的加水量，拌匀，然后装入玻璃缸或塑料袋内盖紧，润湿一昼夜备用。测定润湿土样不同位置处的含水率不应少于两点，一组试样的含水率与要求的含水率之差不得超过 ±1%。

(二)粗粒土样制备程序

对砂和砂砾土用四分法或分砂器细分土样，取代表性土样进行颗粒分析试验，其余过

5 mm 筛，分别供比重及最大孔隙比、最小孔隙比试验用，取部分过 2 mm 筛的试样供力学性试验。

若有部分黏土依附在砂砾石上面，则先用水浸泡，将浸泡过的土样在 2 mm 筛上冲洗，取筛上及筛下代表性的土样供做颗粒分析试验用。

二、扰动土试样制备

扰动土试样制备，视工程的实际情况分别采用击样法、压样法。试样制备的数量视试验项目而定，应有备用试样 1 ~2 个。

（一）击样法

根据环刀容积和要求干密度所需质量的湿土，倒入装有环刀的击样器内，击实到所需密度。

（二）压样法

根据环刀容积和要求干密度所需质量的湿土，倒入装有环刀的压样器内，采用静压力通过活塞将土样压紧到所需密度。

取出带有试样的环刀，称环刀和试样总质量，对不需要饱和且不立即进行试验的试样，应存放在保湿器内备用。

第四节　原状土试样制备

原状土试样制备如下：

（1）将土样筒按标明的上下方向放置，剥去蜡封和胶带，小心开启土样筒，取出土样，整平试样两端。检查土样结构，并描述它的层次、颜色、气味，有无杂质，土质是否均匀，有无裂缝等。为了保证试验的可靠性，当确定土样已受扰动或取土质量不符合要求时，不应制备力学性质试验的试样。

（2）根据试验要求，用环刀切取试样时，应在环刀内壁涂一薄层凡士林，刃口向下放在土样上，将环刀垂直下压，并用切土刀沿环刀外侧切削土样，边压边削至土样高出环刀。根据试样的软硬采用钢丝锯或切土刀整平环刀外壁，称环刀和土的总质量。

（3）环刀切削的余土可做土的物理性试验，切取试样后剩余的原状土样，应用蜡纸封好，置于保湿器内，以备补做试验之用。

（4）视试样本身及工程要求，决定试样是否进行饱和，当不立即进行试验或饱和时，则将试样保存于保湿器内。

第五节　试样饱和

土的孔隙逐渐被水填充的过程称为饱和。孔隙被水充满时的土称为饱和土。试样饱和方法根据土样的透水性能分别采用以下方法。

一、粗粒土

可直接在仪器内浸水饱和。

二、细粒土

渗透系数大于 10^{-4} cm/s 时，采用毛细管饱和法较为方便；渗透系数小于 10^{-4} cm/s 时，采用真空抽气饱和法。如土的结构性较弱，抽气可能发生扰动，不宜采用。

（一）毛细管饱和法

（1）选用框式饱和器，在装有试样的环刀上、下面放滤纸和透水板，装入饱和器内，并旋紧螺母。

（2）将装好试样的饱和器放入水箱中，注入清水，水面不宜将试样淹没，使土中气体得以排出。

（3）关上箱盖，浸水时间不得少于两昼夜，借土的毛细管作用使试样饱和。

（4）取出饱和器，松开螺母，取出环刀，擦干外壁，吸去表面积水，取下试件上、下滤纸，称环刀和试样总质量，准确至0.1 g，并计算试样饱和度。

（5）如饱和度低于95%，将环刀装入饱和器，浸入水内，重新延长饱和时间。

（二）真空抽气饱和法

（1）选用框式饱和器（见图2-3）和重叠式饱和器（见图2-4）及真空饱和装置（见图2-5）。在重叠式饱和器下夹板的正中，依次放置透水板、滤纸、带试样的环刀、滤纸、透水板，如此顺序重复，由下向上重叠到拉杆高度，将饱和器上夹板盖好后，拧紧拉杆上端的螺母，将各个环刀在上下夹板间夹紧。

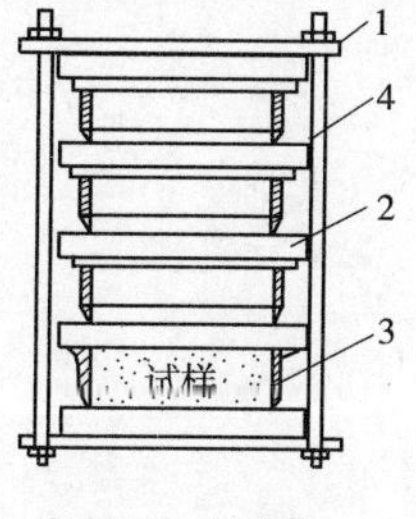

1—夹板；2—透水板；
3—环刀；4—拉杆

图2-4 重叠式饱和器

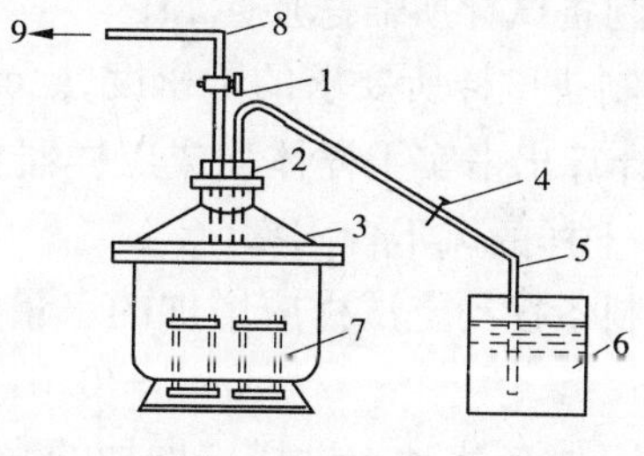

1—二通阀；2—橡皮塞；3—真空缸；4—管夹；5—引水管；
6—水缸；7—饱和器；8—排气管；9—接抽气机

图2-5 真空饱和装置

（2）将装好试样的饱和器放入真空缸内，盖上缸盖，盖口涂一薄层凡士林，以防漏气。

（3）将真空缸与抽气机接通，启动抽气机，当真空压力表读数接近当地一个大气压力值时（抽气时间不小于1 h），微开管夹，使清水徐徐注入真空缸，在注水过程中，真空压力表读数宜保持不变。

（4）待水淹没饱和器后，即停止抽气。开管夹使空气进入真空缸，静待一定时间，细粒土宜为10 h，借大气压力使试样饱和。

（5）打开真空缸，从饱和器内取出带环刀的试样，称环刀和试样的总质量，精确至0.1

g,并计算饱和度。当饱和度低于95%时,应继续抽气饱和。

第六节　计算与记录

一、计算

(1)计算干土质量:

$$m_s = \frac{m}{1 + 0.01\omega_0} \tag{2-1}$$

式中　m_s——干土质量,g;

m——风干土质量(或天然湿土质量),g;

ω_0——风干含水率(或天然含水率)(%)。

(2)计算试样制备含水率所加水量:

$$m_w = \frac{m}{1 + 0.01\omega_0} \times 0.01(\omega' - \omega_0) \tag{2-2}$$

式中　m_w——土样制备所需加水质量,g;

m——风干含水率时的土样质量,g;

ω_0——土样的风干含水率(%);

ω'——土样所要求的含水率(%)。

(3)计算制备扰动土试样所需总土质量:

$$m = (1 + 0.01\omega_0)\rho_d V \tag{2-3}$$

式中　m——制备试样所需总质量,g;

ρ_d——制备试样所要求的干密度,g/cm^3;

V——计算出击实土样体积或压样器所用环刀体积,cm^3;

ω_0——土样的风干含水率(%)。

(4)计算制备扰动土试样应增加的水量:

$$\Delta m_w = 0.01(\omega' - \omega_0)\rho_d V \tag{2-4}$$

式中　Δm_w——制备扰动土试样应增加的水量,g;

其余符号意义同上。

(5)计算饱和度:

$$S_\gamma = \frac{(\rho - \rho_d)G_s}{e\rho_d} \quad 或 \quad S_\gamma = \frac{\omega G_s}{e} \tag{2-5}$$

式中　S_γ——试样的饱和度(%);

ρ——试样饱和后的密度,g/cm^3;

ρ_d——土的干密度,g/cm^3;

G_s——土粒比重;

e——试样的孔隙比;

ω——试样饱和后的含水率(%)。

二、试验记录

原状土开土记录如表 2-1 所示。

表 2-1 原状土开土记录

委托单位________________ 进室日期____年____月____日

工程名称________________ 开土日期____年____月____日

土样编号		取土高程	取土深度（m）	颜色	气味	结构	夹杂物	包装与扰动情况	其他
室内	野外								

记录者： 校核者：

扰动土试样制备记录如表 2-2 所示。

表 2-2 扰动土试样制备记录

工程名称__________ 土样编号__________ 制备日期__________

制 备 者__________ 计 算 者__________ 校 核 者__________

土样编号			
制备标准	干密度 ρ_d(g/cm^3)		
	含水率 ω'(%)		
所需土质量及增加水量的计算	环刀或计算的击实筒容积 V(cm^3)		
	干土质量 m_s(g)		
	含水率 ω_0(%)		
	湿土质量 m(g)		
	增加的水量 Δm_w(g)		
	所需土质量(g)		
试样制备	制备方法		
	环刀质量(g)		
	环刀加湿土质量(g)		
	湿土质量(g)		
	密度 ρ(g/cm^3)		
	含水率 ω(%)		
	干密度 ρ_d(g/cm^3)		
与制备标准之差	干密度 ρ_d(g/cm^3)		
	含水率 ω(%)		
注意			

思考题

2-1　什么是原状土？什么是扰动土？碾散土样为什么要在橡皮板上用木碾碾散？

2-2　用环刀切取土样时,环刀为什么要垂直下压?

2-3　如何对试样土样进行状态描述?

第三章　含水率试验

【教学重点及要求】

1. 掌握土的含水率的基本概念。

2. 熟悉含水率测定的三种基本方法。

3. 了解其在工程中的应用。

第一节　定义和适用范围

土的含水率是指试样在 105 ~ 110 ℃下烘到恒重时所失去的水质量和达恒重后干土质量的比值，以百分数表示。含水率是土最基本的物理性质指标之一，测定土的含水率，可了解土的含水情况，工程中常用来反映黏性土的状态，计算土的孔隙比、液性指数、饱和度等其他物理力学性质指标。土体含水率的大小对天然地基的承载力、黏性土的压缩性及强度等均有较大的影响。

测定含水率的试验方法有烘干法、酒精燃烧法、比重法等。烘干法为室内试验的标准方法。在野外如无烘箱设备或要求快速测定含水率时，可采用酒精燃烧法（适用于简易测定细粒土含水率）和比重法（适用于砂类土）。当土中有机质（泥炭、腐殖质及其他）为 5% ~ 10%，仍允许采用本规程进行试验，但需注明有机质含量。

第二节　试验方法及原理

一、烘干法

烘干法是将试样放入烘箱中，在 105 ~ 110 ℃下烘至恒重来测定含水率的方法。

（一）仪器设备

（1）烘箱：可采用电热烘箱或温度能保持在 105 ~ 110 ℃的其他能源烘箱。

（2）天平：称量 200 g，分度值 0.01 g。

（3）其他：干燥器、称量盒（为简化计算可用恒质量盒）等。

（二）操作步骤

（1）湿土称量。取代表性试样 15 ~ 30 g（黏性土取 15 ~ 20 g，粉土、砂土或有机土约取 30 g），放入称量盒内，立即盖好盒盖，称出盒与湿土的总质量，精确至 0.01 g。

（2）揭盖烘干。打开盒盖，将试样和盒放入烘箱，在温度 105 ~ 110 ℃下烘至恒重。烘干时间随土质不同而定，砂类土不少于 6 h，黏质土不少于 8 h，对于有机质超过 10% 的土，应将温度控制在 65 ~ 70 ℃的恒温下烘至恒重。

（3）冷却称量。将试样和盒取出，盖好盒盖放入干燥器内冷却至室温，称出盒与干土质量，精确至 0.01 g。

(三)试验记录

含水率试验记录见表 3-1。

表 3-1　含水率试验记录(烘干法)

工程名称________________ 土样说明________________ 试验日期________________

试 验 者________________ 计 算 者________________ 校 核 者________________

试样编号	盒号	盒质量(g)	盒加湿土质量(g)	盒加干土质量(g)	水分质量(g)	干土质量(g)	含水率(%)	平均含水率(%)
		(1)	(2)	(3)	(4)=(2)-(3)	(5)=(3)-(1)	$(6)=\frac{(4)}{(5)}$	(7)

(四)成果整理

按下式计算土的含水率：

$$\omega = \left(\frac{m}{m_d} - 1\right) \times 100\% \tag{3-1}$$

式中 ω——含水率(%)，计算至 0.1%；

m——湿土质量，g；

m_d——干土质量，g。

含水率试验需进行 2 次平行测定，允许平行差值不能超过表 3-2 中所示值，试验结果取其算术平均值。

表 3-2　含水率测定的允许平行差值

含水率(%)	<10	10~40	>40
允许平行差值(%)	0.5	1.0	2.0

二、酒精燃烧法

酒精燃烧法是利用酒精燃烧的热量使试样变干，从而快速测定含水率的方法。

(一)仪器设备

(1)天平：称量 200 g，分度值 0.01 g。

(2)酒精：纯度 95%。

(3)其他：滴管、火柴、调土刀、称量盒(定期校正为恒值)等。

(二)操作步骤

(1)湿土称量。取代表性试样(黏性土 5~10 g，砂质土 20~30 g)，放入称量盒内，立即盖好盒盖，称出盒与湿土的总质量，精确至 0.01 g。

(2)酒精烧干。用滴管将酒精注入放有试样的称量盒中，直至盒中出现自由液面为止(可将盒底在桌面上轻轻敲击,以充分混合)。点燃盒中酒精,烧至火焰熄灭。将试样冷却数分钟,再重复燃烧 2 次。

(3)冷却称量。当第 3 次火焰熄灭后,立即盖好盒盖,称干土质量,精确至 0.01 g。

(三)试验记录

试验记录格式同表 3-1。

(四)成果整理

试验需进行 2 次平行测定,允许平行差值不能超过表 3-2 中所示值,试验结果取其算术平均值。

三、比重法

比重法是利用砂质土的土粒比重,将试样放入水中称量,以获得其含水率的方法。

(一)仪器设备

(1)玻璃瓶:容积 500 mL 以上。

(2)天平:称量 1 000 g,分度值 0.5 g。

(3)其他:漏斗、小勺、吸水球、玻璃片、土样盘及玻璃棒等。

(二)操作步骤

(1)取样称量。取代表性试样 200 ~ 300 g,放入土样盘内。

(2)入水排气。向玻璃瓶中注入清水至 1/3 左右,用漏斗将土样盘中的试样倒入瓶中,并用玻璃棒搅拌 1 ~ 2 min 至气体完全排出;向瓶中加清水充满,静置 1 min 后用吸水球吸去泡沫,再加清水使其充满,盖上玻璃片,擦干瓶外壁称量,准确至 0.5 g。

(3)清水称量。倒去瓶中混合液,洗净,再向瓶中加清水至全部充满,盖上玻璃片,擦干瓶外壁称量,准确至 0.5 g。

(三)试验记录

试验记录格式如表 3-3 所示。

表 3-3　含水率试验记录(比重法)

工程名称＿＿＿＿＿＿＿　土样说明＿＿＿＿＿＿＿　试验日期＿＿＿＿＿＿＿

试 验 者＿＿＿＿＿＿＿　计 算 者＿＿＿＿＿＿＿　校 核 者＿＿＿＿＿＿＿

土样编号	瓶号	湿土质量(g)	瓶、水、土、玻璃片总质量(g)	瓶、水、玻璃片总质量(g)	土粒比重	含水率(%)	平均含水率(%)
		(1)	(2)	(3)	(4)	$(5)=\frac{(1)[(4)-(1)]}{(4)[(2)-(3)]}-1$	(6)

(四)成果整理

按下式计算含水率:

$$\omega = \left[\frac{m(G_s - 1)}{G_s(m_1 - m_2)} - 1\right] \times 100\% \tag{3-2}$$

式中　ω——砂质土的含水率,计算至0.1%;

m——湿土质量,g;

m_1——瓶、水、土、玻璃片质量,g;

m_2——瓶、水、玻璃片质量,g;

G_s——土粒比重,可实测或根据一般资料估计。

本试验需进行2次平行测定,取其算术平均值。

思考题

3-1　烘干法为什么选用恒温烘箱,并且温度控制在105~110 ℃?

3-2　为什么将烘干后的试样取出后,应立即放入干燥器内冷却到室温方可称量?

3-3　对于有机质超过10%的土,为什么要控制烘箱温度在65~70 ℃?

3-4　如何理解土和土颗粒的概念区别?

第四章　密度试验

【教学目标及要求】

1. 了解密度的定义、试验方法及其适用范围。
2. 掌握环刀法的原理、操作及数据处理。
3. 了解蜡封法、灌水法和灌砂法的原理和操作。

第一节　定义和适用范围

土的密度 ρ 是指单位体积土体的质量，是土的基本物理性质指标之一，其单位为 g/cm^3。土的密度反映了土体结构的松紧程度，是计算土的干密度、孔隙比、孔隙率等指标的重要依据，也是自重应力计算、挡土墙压力计算、土坡稳定性验算、地基承载力和沉降量估算及路基路面施工填土压实度控制的重要指标之一。

当用国际单位制计算土的重力时，由土的质量产生的单位体积的重力称为重力密度 γ，简称重度，其单位是 kN/m^3。重度与密度的关系为：$\gamma = \rho g$。

土的密度一般是指土的湿密度，相应的重度称为湿重度，除此以外，还有土的干密度 ρ_d、饱和密度 ρ_{sat} 和有效密度 ρ'，相应的有干重度 γ_d、饱和重度 γ_{sat} 和有效重度 γ'。

密度试验方法有环刀法、蜡封法、灌水法和灌砂法等。对一般黏质土，宜采用环刀法；土样易碎裂，难以切削，可用蜡封法；对于现场粗粒土，可用灌水法或灌砂法。

第二节　试验方法及原理

一、环刀法

环刀法就是采用一定体积的环刀切取土样并称土质量的方法，环刀内土的质量与环刀体积之比即为土的密度。

环刀法操作简便准确，在室内和野外均可普遍采用，但环刀法只适用于测定不含砾石颗粒的细粒土的密度。

（一）仪器设备

（1）不锈钢恒质量环刀，内径 6.18 cm（面积 30 cm^2）或内径 7.98 cm（面积 50 cm^2），高 20 mm，壁厚 1.5 mm。

（2）称量 500 g、最小分度值 0.1 g 的电子天平。

（3）切土刀、钢丝锯、凡士林、玻璃片、玻璃板等。

（二）操作步骤

（1）按工程需要取原状土或人工制备所需状态的扰动土样，用切土刀将土样削成略大于环刀直径的土柱，整平两端放在玻璃板上。

(2)将环刀内壁涂一薄层凡士林，刀刃向下放在土样上面，然后将环刀垂直下压，边压边削，至土样上端伸出环刀为止。根据试样的软硬程度，采用钢丝锯或刮土刀将两端余土削去修平，并及时在两端盖上玻璃片，以免水分蒸发；削出土样留做含水率试验。

(3)擦净环刀外壁并移去玻璃片，称取环刀加土样质量，准确至0.1 g。

(三)试验记录

环刀法测密度试验记录见表4-1。

表4-1　密度试验记录表(环刀法)

工程名称__________　工程编号__________　试验日期__________

试 验 者__________　计 算 者__________　校 核 者__________

试样编号	土样类别	环刀号	环刀加湿土质量(g)	环刀质量(g)	湿土质量(g)	环刀容积(cm^3)	湿密度(g/cm^3)	平均湿密度(g/cm^3)	含水率(%)	干密度(g/cm^3)	平均干密度(g/cm^3)

(四)成果整理

按式(4-1)和式(4-2)分别计算湿密度和干密度：

$$\rho = \frac{m}{V} = \frac{m_2 - m_1}{V} \tag{4-1}$$

$$\rho_d = \frac{\rho}{1 + 0.01\omega} \tag{4-2}$$

式中　ρ——湿密度，g/cm^3，精确至0.01 g/cm^3；

ρ_d——干密度，g/cm^3，精确至0.01 g/cm^3；

m——湿土质量，g；

m_2——环刀加湿土质量，g；

m_1——环刀质量，g；

ω——含水率(%)；

V——环刀容积，cm^3。

环刀法试验应进行两次平行测定，两次测定的密度差值不得大于0.03 g/cm^3，并取其两次测值的算术平均值。

二、蜡封法

蜡封法是通过阿基米德原理，即物体在水中失去的重量等于排开同体积水的重量，来测出土的体积，从而确定密度。

考虑到土体浸水后可能发生崩解、吸水等问题，试验时需要在土体外涂一层蜡。

蜡封法适用于易破裂土和形状不规则的坚硬土。

（一）仪器设备

（1）熔蜡加热器。

（2）称量 200 g、最小分度值 0.01 g 的天平。

（3）切土刀、钢丝锯、烧杯、细线、针等。

（二）操作步骤

（1）从原状土样中，切取体积不小于 30 cm^3 的代表性试样，削取表面松浮土及尖锐棱角后，用细线系上并置于天平的左端称量，准确至 0.01 g。

（2）持线将试样缓慢浸入刚过熔点的蜡液中，待全部浸没后，立即将试样提出，检查涂在试样四周的蜡膜有无气泡存在，当有气泡存在时，可用热针刺破，再用蜡液补平。待冷却后，称蜡封试样的质量，准确至 0.01 g。

（3）用细线将蜡封试样吊挂在天平的左端，并使试样浸没于纯水中，称取蜡封试样在纯水中的质量，准确至 0.01 g，同时测记纯水的温度。

（4）取出试样，擦干蜡封试样表面上的水分，再称蜡封试样质量一次，以检查蜡封试样中是否有水浸入，如蜡封试样质量增加，则说明蜡封试样内有水浸入，应另取试样重做试验。

（三）试验记录

蜡封法测密度试验记录见表 4-2。

表 4-2　密度试验记录（蜡封法）

工程名称________　工程编号________　试验日期________

试 验 者________　计 算 者________　校 核 者________

试样编号	试样质量 (g)	蜡封试样质量 (g)	蜡封试样水中质量 (g)	温度 T (℃)	纯水在 T ℃时的密度 (g/cm^3)	蜡封试样体积 (cm^3)	试样体积 (cm^3)	湿密度 (g/cm^3)	含水率 (%)	干密度 (g/cm^3)	平均干密度 (g/cm^3)

(四)成果整理

按式(4-3)和式(4-2)分别计算湿密度和干密度:

$$\rho = \frac{m}{\dfrac{m_1 - m_2}{\rho_{wt}} - \dfrac{m_1 - m_2}{\rho_n}} \tag{4-3}$$

式中 ρ——湿密度,g/cm³,精确至0.01 g/cm³;

m——试样质量,g;

m_1——蜡封试样质量,g;

m_2——蜡封试样在水中的质量,g;

ρ_{wt}——纯水在 T ℃时的密度,g/cm³,精确至0.01 g/cm³;

ρ_n——蜡的密度,g/cm³,精确至0.01 g/cm³。

蜡封法试验应进行两次平行测定,两次测定的密度差值不得大于0.03 g/cm³,并取两次测值的算术平均值。

三、灌水法

灌水法是在现场挖坑后灌水,由水的体积来测量试坑容积,从而测定土的密度的方法。

该方法适用于现场测定粗粒土和巨粒土的密度,特别是巨粒土的密度,从而为粗粒土和巨粒土提供施工现场检验密实度的方法。

(一)仪器设备

(1)直径均匀并附有刻度及出水管的储水筒。

(2)称量50 kg、最小分度值10 g的台秤。

(3)聚氯乙烯塑料薄膜袋。

(4)铁镐、铁铲、水准尺等。

(二)操作步骤

(1)根据试样的最大粒径,确定试坑尺寸的大小,见表4-3。

表4-3 灌水法、灌砂法试坑尺寸

试样最大粒径(mm)	试坑尺寸(mm)	
	直径	深度
5~20	150	200
40	200	250
60	250	300
200	800	1 000

(2)选定试坑位置,并将试坑位置处的地面整平,地表的浮土、石块、杂物等应予以清除,而坑洼不平处则用砂铺平,地面整平的范围应略大于试坑直径的范围,并用水准尺检查试坑处地表是否水平。

(3)按确定的试坑直径画出试坑口的轮廓线，在轮廓线内挖至要求的深度，边挖边将坑内的试样装入盛土容器内，称试样质量，精确到 10 g，并从挖出的全部试样中取有代表性的样品，测定其含水率。

(4)试坑挖好后，放上与试坑口相应尺寸的套环，并用水准尺找平，然后将略大于试坑容积的聚氯乙烯塑料薄膜袋，沿坑底、坑壁及套环内壁紧密地铺好，并翻过套环压住薄膜四周。

(5)记录储水筒内初始水位的高度。拧开储水筒的出水管开关，将水缓慢注入塑料薄膜袋中。当袋内水面接近套环上边缘时，将水流调小，直至水面与套环上边缘齐平时关闭出水管，等待 3 ~ 5 min，然后记录储水筒内的水位高度，如果坑中塑料薄膜袋内出现水面下降，则应另取塑料薄膜袋重新试验。

(三)试验记录

灌水法测密度试验记录见表 4-4。

表 4-4　密度试验记录(灌水法)

工程名称__________　工程编号__________　试验日期__________

试 验 者__________　计 算 者__________　校 核 者__________

试样编号	储水筒水位(cm)		储水筒断面面积(cm^2)	试坑体积(cm^3)	试样质量(g)	湿密度(g/cm^3)	含水率(%)	干密度(g/cm^3)	试样重度(kN/cm^3)
	初始	终了							

(四)成果整理

(1)按式(4-4)和式(4-5)计算湿密度：

$$V_p = (H_1 - H_2)A_w - V_0 \tag{4-4}$$

$$\rho = \frac{m_p}{V_p} \tag{4-5}$$

式中　V_p——试坑体积，cm^3；

H_1——储水筒内注水初始时水位高度，cm；

H_2——储水筒内注水终了时水位高度，cm；

A_w——储水筒断面面积，cm^2；

V_0——套环内壁体积，cm^3；

ρ——湿密度，g/cm^3，精确至 0.01 g/cm^3；

m_p——试坑内取出的全部试样的质量，g。

(2)按式(4-2)计算干密度。

灌水法试验应进行两次平行测定，两次测定的密度差值不得大于 0.03 g/cm^3，并取两次测值的算术平均值。

四、灌砂法

灌砂法是在现场挖坑后灌标准砂，由标准砂的质量和密度来测量试坑容积，从而测定土的密度的方法。

该方法适用于现场测定粗粒土的密度。

（一）仪器设备

（1）密度测定器：由容砂瓶、灌砂漏斗和底盘组成，如图 4-1 所示。灌砂漏斗高 135 mm、直径 165 mm，尾部有孔径为 13 mm 的圆柱形阀门，容砂瓶容积为 4 L，容砂瓶和灌砂漏斗之间用螺纹接头连接，底盘承托灌砂漏斗和容砂瓶。

（2）称量 10 kg、最小分度值 5 g 的台秤。

（3）称量 500 g、最小分度值 0.1 g 的天平。

（4）铁镐、铁铲、水准尺等。

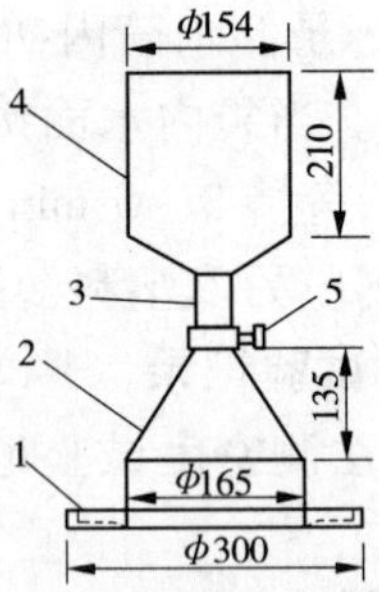

1—底盘；2—灌砂漏斗；3—螺纹接头；
4—容砂瓶；5—阀门

图 4-1　密度测定器　（单位：mm）

（二）操作步骤

1. 标准砂密度测定

（1）选用粒径为 0.25 ~ 0.50 mm 的标准砂，这是因为在此粒径范围的标准砂，其密度变化小，标准砂应清洗干净，并放置足够的时间，以使其与空气的湿度达到平衡。

（2）按图 4-1 组装容砂瓶和灌砂漏斗，容砂瓶和灌砂漏斗之间用螺纹接头旋紧，然后称容砂瓶和灌砂漏斗的质量。

（3）将密度测定器竖立，并使灌砂漏斗口向上，关闭位于灌砂漏斗尾部的阀门，然后向灌砂漏斗内注满标准砂，再打开阀门，使灌砂漏斗内的标准砂流入容砂瓶内，继续向漏斗内灌注标准砂流入容砂瓶内，当砂停止流动时，迅速关闭阀门，倒去漏斗内多余的砂，称容砂瓶、灌砂漏斗和标准砂的总质量，准确至 5 g。

（4）打开阀门，全部倒出容砂瓶内的标准砂，再测定容砂瓶的体积，将密度测定器竖立，并使灌砂漏斗口向上，通过漏斗向容砂瓶内注水至水面高出阀门，然后关闭阀门，并倒掉漏斗中多余的水，称容砂瓶、漏斗和水的总质量，准确至 5 g，并测定水温，准确至 0.5 ℃。容砂瓶体积的测定需重复 3 次，3 次测值之间的差值不得大于 3 mL，并取 3 次测值的平均值。

（5）容砂瓶容积按式（4-6）计算：

$$V_r = \frac{m_{r2} - m_{r1}}{\rho_{wt}} \tag{4-6}$$

式中　V_r——容砂瓶容积，cm^3；

m_{r2}——容砂瓶、漏斗和水的总质量，g；

m_{r1}——容砂瓶和漏斗的总质量，g；

ρ_{wt}——不同水温时水的密度，g/cm^3。

(6)标准砂密度按式(4-7)计算：

$$\rho_s = \frac{m_{rs} - m_{r1}}{V_r} \tag{4-7}$$

式中 ρ_s——标准砂密度，g/cm³；

m_{rs}——容砂瓶、漏斗和标准砂的总质量，g。

2. 灌砂法密度测定

(1)根据试样的最大粒径，确定试坑尺寸的大小，见表4-3。

(2)选定试坑位置，并将试坑位置处的地面整平，地表的浮土、石块、杂物等应予以清除，而坑洼不平处则用砂铺平，地面整平的范围应略大于试坑直径的范围，并用水准尺检查试坑处地表是否水平。

(3)按确定的试坑直径画出试坑口的轮廓线，在轮廓线内挖至要求的深度，边挖边将坑内的试样装入盛土容器内，称试样质量，精确到10 g，并从挖出的全部试样中取有代表性的样品，测定其含水率。

(4)通过灌砂漏斗向容砂瓶内注满标准砂，倒去漏斗内多余的砂，称容砂瓶、灌砂漏斗和标准砂的总质量，精确到10 g。

(5)将密度测定器容砂瓶向上、漏斗向下倒置于挖好的试坑口上，然后打开阀门，使砂注入试坑内，注意在注砂过程中不能有震动。当砂注满试坑时，迅速关闭阀门，取走密度测定器，称容砂瓶、灌砂漏斗和余砂的总质量，精确到10 g，并计算注满试坑所用的标准砂质量。

(三)试验记录

灌砂法测密度试验记录见表4-5。

表4-5　密度试验记录(灌砂法)

工程名称＿＿＿＿＿＿　工程编号＿＿＿＿＿＿　试验日期＿＿＿＿＿＿

试 验 者＿＿＿＿＿＿　计 算 者＿＿＿＿＿＿　校 核 者＿＿＿＿＿＿

试坑编号	量砂容器加原有量砂质量(g)	量砂容器加剩余量砂质量(g)	试坑用砂质量(g)	量砂密度(g/cm³)	试坑体积(cm³)	试样加容器质量(g)	容器质量(g)	试样质量(g)	试样密度(g/cm³)	试样含水率(%)	试样干密度(g/m³)	试样重度(kN/m³)

(四)成果整理

按式(4-8)和式(4-2)分别计算湿密度和干密度：

$$\rho = \frac{m_p \cdot \rho_s}{m_s} \tag{4-8}$$

式中 ρ_s——标准砂密度,g/cm^3;

ρ——湿密度,g/cm^3,精确至0.01 g/cm^3;

m_p——试坑内取出的全部试样的质量,g;

m_s——注满试坑所用标准砂的质量,g。

干密度 ρ_d 的计算见式(4-2)。

思考题

4-1 常用的密度试验方法有哪些?

4-2 环刀法适用于测定哪一类土的密度?切取土样时为什么要边压边削?

4-3 蜡封法的原理是什么?适用于哪一类土的密度测定?

第五章 比重试验

【教学重点及要求】

1. 了解比重试验的目的、适用范围。

2. 了解比重试验的各种仪器并熟练操作。

3. 掌握比重试验的操作步骤和注意事项。

4. 学会试验资料的整理、比重的确定与应用。

第一节 定义和适用范围

土粒比重是土的基本物理性指标之一,是计算孔隙比和评价土类的主要指标。土粒比重的定义是:在 105 ~ 110 ℃温度下烘至恒重时的质量与同体积 4 ℃时纯水质量的比值。

按照土粒粒径不同,应分别采用不同的方法进行比重测定:

(1)粒径小于 5 mm 的土,用比重瓶法进行。

(2)粒径大于 5 mm 的土,其中含粒径大于 20 mm 颗粒小于 10% 时,用浮称法进行;含粒径大于 20 mm 颗粒大于 10% 时,用虹吸筒法进行。粒径小于 5 mm 部分,用比重瓶法进行,取其加权平均值作为土粒比重。

一般土粒的比重用纯水测定,对含有可溶盐、亲水性胶体或有机质的土,须用中性液体(如煤油)测定。

第二节 试验方法及操作

一、比重瓶法

比重瓶法是通过将称好质量的干土放入盛满水的比重瓶,根据前后质量差异,计算土粒的体积,从而进一步计算出土粒的比重。

(一)仪器设备

(1)比重瓶:容量 100(或 50) mL。分长颈和短颈两种。

(2)天平:称量 200 g,感量 0.001 g。

(3)恒温水槽:灵敏度 ±1 ℃。

(4)砂浴。

(5)真空抽气设备。

(6)温度计:刻度为 0 ~ 50 ℃,分度值为 0.5 ℃。

(7)其他:烘箱、蒸馏水、中性液体(如煤油)、孔径 2 mm 及 5 mm 筛、漏斗、滴管等。

(二)仪器设备的检定和校准

1. 天平、温度计等的检定

天平、温度计等计量仪器按相应的检定规程进行检定。

2. 比重瓶的标准

比重瓶按下面方法进行校准。

(1)将比重瓶洗净、烘干,称比重瓶质量,准确至0.001 g。

(2)将煮沸经冷却的纯水注入比重瓶。对长颈比重瓶注水至刻度处,对短颈比重瓶应注满纯水,塞紧瓶塞,多余水分自瓶塞毛细管中溢出。

(3)调节恒温水槽至5 ℃或10 ℃,然后将比重瓶放入恒温水槽内,直至瓶内水温稳定。取出比重瓶,擦干外壁,称瓶、水总质量,准确至0.001 g。

(4)以5 ℃为级差调节恒温水槽水温,逐级测定不同温度下的比重瓶、水总质量,至达到本地区最高自然气温为止。

(5)将测定结果列表(见表5-1),以瓶、水总质量为横坐标,温度为纵坐标,绘制瓶、水总质量与温度的关系曲线即比重瓶校正曲线,见图5-1。

每个温度均应进行两次平行测定,两次测定的差值不得大于0.002 g,取两次测值的平均值。

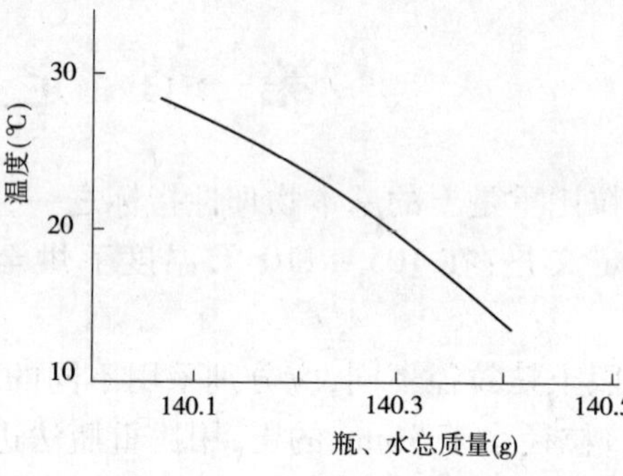

图5-1 比重瓶校正曲线

表5-1 比重瓶校正记录

瓶号________ 校正者________ 瓶重________

校正日期________ 校核者________

温度(℃)	瓶、水总质量(g)	平均瓶、水总质量(g)

(三)操作步骤

(1)将比重瓶烘干,将15 g烘干土装入100 mL比重瓶内(若用50 mL比重瓶,装烘干土约12 g),称试样及瓶总质量。

(2)将已装有干土的比重瓶,注蒸馏水至瓶的一半处,为排除土中空气,摇动比重瓶,并将瓶在砂浴中煮沸,煮沸时间自悬液沸腾时算起,砂及低液限黏土应不少于30 min,高液限黏土应不少于1 h,使土粒分散,注意沸腾后调节砂浴温度,不使土液溢出瓶外。

(3)如系长颈比重瓶,用滴管调整液面恰至刻度(以弯液面上缘为准),擦干瓶外壁及瓶内壁刻度以上部分的水,称瓶、水、土总质量。如系短颈比重瓶,将纯水注满,使多余水分自瓶塞毛细管中溢出，将瓶外水分擦干后，称瓶、水、土总质量，称量后立即测出瓶内水的温度，准确至0.5 ℃。

(4)根据测得的温度，从已绘制的比重瓶校正曲线中查得瓶、水总质量。

(5)如系砂土，煮沸时砂易跳出，允许用真空抽气法代替煮沸法排除土中空气，其余步骤同步骤(3)、(4)。

(6)对含有某一定量的可溶盐、亲水性胶体或有机质的土，必须用中性液体(如煤油)测定，并用真空抽气法排出土中气体。真空压力表读数宜为100 kPa，抽气时间1 ~2 h(直至悬液内无气泡为止)，其余步骤同步骤(3)、(4)。

(7)本试验称量应准确至0.001 g。

(四)试验记录

比重试验(比重瓶法)记录见表5-2。

表5-2 比重试验记录(比重瓶法)

工程名称________ 土样编号________ 试验日期________

试 验 者________ 计 算 者________ 校 核 者________

试验编号	比重瓶号	温度(℃)	液体比重	比重瓶质量(g)	瓶、干土总质量(g)	干土质量(g)	瓶、水总质量(g)	瓶、水、土总质量(g)	与干土同体积的液体质量(g)	比重	平均值	备注
		(1)	(2)	(3)	(4)	(5)	(6)	(7)	(8)	(9)		
			查表			(4) -(3)			(5)+(6)-(7)	$\frac{(5)\times(2)}{(8)}$		

(五)成果整理

(1)用纯水测定时，按照下式计算比重：

$$G_s = \frac{m_d}{m_1 + m_d - m_2} G_{ut} \tag{5-1}$$

式中 G_s——土粒比重；

m_d——干土质量，g；

m_1——瓶、水总质量，g；

m_2——瓶、水、土总质量，g；

G_{ut}——t ℃时纯水的比重(可查物理手册)，准确至0.001。

(2)当用中性液体测定时，按照下式计算比重：

$$G_s = \frac{m_d}{m_1' + m_d - m_2'} G_{kt} \tag{5-2}$$

式中 m_1'——瓶、中性液体总质量，g；

m_2'——瓶、中性液体、土总质量，g；

G_{kt}——t ℃时中性液体的比重(实测得),准确至0.001。

本试验必须进行两次平行测定,取其算术平均值,以两位小数表示,其平行差值不得大于0.02。

二、浮称法

浮称法是根据阿基米德原理,物体在水中失去的重量等于排开同体积水的重量,测出土粒的体积,从而进一步计算出土粒比重。

(一)仪器设备

(1)物理天平或秤:量程2 kg ,感量0.2 g;称量10 kg,分度值1 g。

(2)孔径小于5 mm的铁丝筐,直径为10~15 cm,高为10~20 cm。

(3)适合网篮深入的盛水容器。

(4)烘箱、温度计、孔径5 mm及20 mm筛等。

(二)操作步骤

(1)将天平等有关仪器设备按照规程进行检定和校准。

(2)取代表性试样500~1 000 g。彻底冲洗试样,直至颗粒表面无尘土和其他污物。

(3)将试样浸在水中24 h取出,立即放入金属网篮,使其缓缓沉没于水中,并在水中摇晃,至无气泡逸出为止。

(4)称铁丝筐和试样在水中的总质量(见图5-2)。

(5)取出试样烘干,称干试样质量。

(6)称铁丝筐在水中质量,并立即测量容器内水的温度,准确至0.5 ℃。

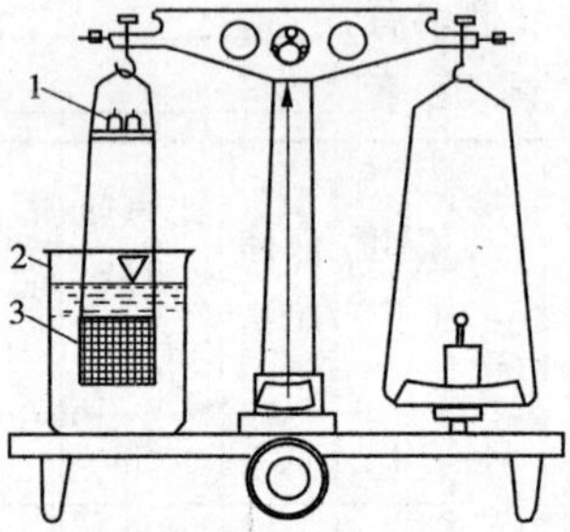

1—调平平衡砝码盘;2—盛水容器;3—盛粗粒土的铁丝筐

图5-2 浮称天平

(三)试验记录

比重试验(浮称法)记录见表5-3。

表5-3 比重试验记录(浮称法)

工程名称______ 土样编号______ 试验日期______

试 验 者______ 计 算 者______ 校 核 者______

野外编号	试验编号	温度(℃)	水的比重	烘干土质量(g)	铁丝筐加试样在水中质量(g)	铁丝筐在水中质量(g)	试样在水中质量(g)	比重	平均值	备注
		(1)	(2)	(3)	(4)	(5)	(6)	(7)		
			查表				(4) -(5)	$\frac{(3)\times(2)}{(3)-(6)}$		

(四)成果整理

(1)按照下式计算比重:

$$G_s = \frac{m_d}{m_d - (m'_2 - m'_1)} G_{ut} \tag{5-3}$$

式中　m'_1——铁丝筐在水中质量，g；

m'_2——试样加铁丝筐在水中质量，g；

其他符号意义同前。

本试验必须进行两次平行测定，取其算术平均值，以两位小数表示，其平行差值不得大于0.02。

（2）按照下式计算土粒的平均比重：

$$G_s = \frac{1}{\dfrac{P_1}{G_{s1}} + \dfrac{P_2}{G_{s2}}} \tag{5-4}$$

式中　P_1——粒径大于5 mm土粒占总质量的百分数（%）；

P_2——粒径小于5 mm土粒占总质量的百分数（%）；

G_{s1}——粒径大于5 mm土粒的比重；

G_{s2}——粒径小于5 mm土粒的比重。

三、虹吸筒法

虹吸筒法是通过测量土粒排开水的体积来测出土粒的体积，从而进一步计算出土粒比重。

（一）仪器设备

（1）虹吸筒：见图5-3。

（2）台秤：称量10 kg，感量1 g。

（3）量筒：容积大于2 000 mL。

（4）其他：烘箱、温度计、孔径5 mm及20 mm筛等。

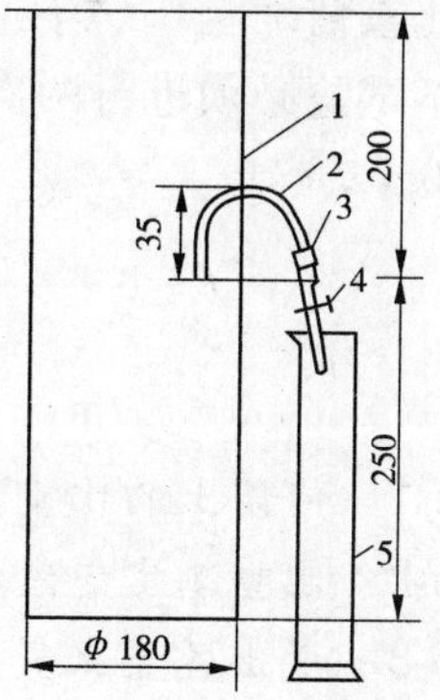

1—虹吸筒；2—虹吸管；3—橡皮管；4—管夹；5—量筒

图5-3　虹吸筒　（单位：mm）

（二）操作步骤

（1）取粒径大于5 mm的代表性试样1 000～7 000 g，将其彻底冲洗，直至颗粒表面无尘土和其他污物，浸在水中24 h取出，晾干（或用布擦干），称晾干试样质量。

（2）注清水入虹吸筒，至管口有水溢出时停止注水。等管不再有水流出后，关闭管夹，将试样缓缓放入筒中，边放边搅，至无气泡逸出为止，搅动时勿使水溅出筒外。

（3）待虹吸筒中水面平静后，开管夹，让试样排开的水通过虹吸管流入筒中。称量筒与水质量后，测量筒内水的温度，准确至0.5 ℃。

（4）取出虹吸筒内试样，烘干，称干试样质量和量筒质量。

（5）本试验称量准确至1 g。

（三）试验记录

比重试验记录见表5-4（虹吸筒法）。

表 5-4 比重试验记录(虹吸筒法)

工程名称__________ 土样编号__________ 试验日期__________

试 验 者__________ 计 算 者__________ 校 核 者__________

试验编号	比重瓶号	温度(℃)	水的比重	烘干土质量(g)	风干土质量(g)	量筒质量(g)	量筒加排开水质量(g)	排开水质量(g)	吸着水质量(g)	比重	平均值
		(1)	(2)	(3)	(4)	(5)	(6)	(7)	(8)	(9)	
			查表					(6) -(5)	(4) -(3)	$\frac{(3)\times(2)}{(7)-(8)}$	

(四)成果整理

(1)按照下式计算比重:

$$G_s = \frac{m_d}{(m_1 - m_0) - (m - m_d)} G_{ut} \tag{5-5}$$

式中 m——晒干试样质量,g;

m_1——量筒加水总质量,g;

m_0——量筒质量,g;

其他符号意义同前。

比重精确至 0.01。

本试验必须进行两次平行测定,取其算术平均值,以两位小数表示,其平行差值不得大于 0.02。

思考题

5-1 何谓土的比重?比重的测定有几种方法?

5-2 比重测定中悬液为什么要放在砂浴上煮沸?时间有什么要求?

5-3 说出各类土类比重的一般数值范围。

第六章　土的界限含水率试验

【教学重点及要求】

1. 了解细粒土的状态及界限含水率、相对稠度、塑性指数，以及液性指数的概念与应用。

2. 了解土的界限含水率的各种试验方式、目的、适用范围及试验步骤。

3. 熟练掌握液塑限联合测定试验操作步骤及注意事项。

4. 掌握各种试验方法记录及资料整理。

5. 学会界限含水率、液性指数及塑性指数在工程中的应用。

第一节　概　述

一、细粒土的状态及界限含水率

细粒土的状态随土中含水率的不同而变化，当含水量不同时，细粒土分别处于固体状态、半固体状态、可塑状态和流动状态。细粒土从一种状态转变到另一种状态的分界含水率称为土的界限含水率。液限 ω_L 是细粒土以流动状态转变到可塑状态的界限含水率；塑限 ω_P 是细粒土从可塑状态转变到半固体状态的界限含水率；缩限 ω_s 是细粒土从半固体状态继续蒸发水分过渡到固体状态时体积不再收缩的界限含水率。

二、塑性指数、液性指数及相对稠度

土的塑性指数 I_P 是指液限与塑限的差值，其表达式为

$$I_P = \omega_L - \omega_P \tag{6-1}$$

塑性指数表明了细粒土处于可塑状态时含水率的变化范围。它的大小与土的黏粒含量及矿物成分有关，土的塑性指数愈大，土中黏粒含量愈多。土处于可塑状态时含水率变化范围也就愈大，I_P 值也愈大；反之 I_P 值愈小。由于塑性指数在一定程度上综合反映了影响细粒土特征的各种重要因素，因此工程上常采用塑性指数对细粒土进行分类和评价。但由于液限测定标准的差别，同一土类按不同的标准可能得到不同的塑性指数，即塑性指数相同的土，采用不同的规范标准，得出的土类可能不同。

土的液性指数 I_L 是指细粒土的天然含水率和塑限的差值与塑性指数之比，其表达式为

$$I_L = \frac{\omega - \omega_P}{\omega_L - \omega_P} = \frac{\omega - \omega_P}{I_P} \tag{6-2}$$

液性指数可被用来表示黏性土所处的稠度或软硬程度。《建筑地基基础设计规范》（GB 50007—2002）与《岩土工程勘察规范》（GB 50021—2001）根据土的液性指数 I_L 对细

粒土的稠度状态进行划分,见表6-1。

表6-1 按液性指数划分细粒土稠度状态

液性指数 I_L	$I_L \leqslant 0$	$0 < I_L \leqslant 0.25$	$0.25 < I_L \leqslant 0.75$	$0.75 < I_L \leqslant 1$	$I_L > 1$
稠度状态	坚硬	硬塑	可塑	软塑	液塑

本章主要介绍测定细粒土的液限、塑限和缩限的方法,并计算塑性指数及液性指数,对土进行工程分类并确定土的稠度状态,供设计、施工使用。

界限含水率试验要求土的颗粒粒径小于0.5 mm,有机质含量不超过试样总质量的5%,且宜采用天然含水率的试样,但也可采用风干试样,当试样中含有粒径大于0.5 mm的土粒或杂质时,应过0.5 mm的筛。

第二节 液限试验

目前,测定土的液限主要有碟式仪法、圆锥仪法和液塑限联合测定法。

一、碟式仪液限试验

碟式仪液限试验是将土碟中的土膏用划刀分成两半,以每秒两次的速率将土碟由10 mm高度落下,当土碟下落击数为25次时,两半土膏在碟底的合拢长度恰好达到13 mm,此时的含水率为液限。

(一)仪器设备

(1)碟式液限仪:主要由土碟、支架及底座组成的机械设备及调整板、摇柄、专用划刀等构成(见图6-1)。

(2)天平:称量200 g,最小分度值0.01 g。

(3)其他:烘箱、干燥器、铝盒、调土刀、小刀、毛玻璃板、孔径0.5 mm的标准筛、研钵。

(二)操作步骤

1. 碟式液限仪校准

(1)检查连接土碟的销子B是否磨损。

(2)上紧固定螺丝I。

(3)以划刀柄(直径10 mm)为量度,前后移动调整板H,以调整土碟底至底座G之间的高度为10 mm。迅速转动铜碟摇柄,当蜗轮碰击从动器时,铜碟不动,并能听到轻微的声音,表明调整正确。然后拧紧定位螺钉,固定调整板。

(4)检查划刀A的划口尺寸应符合《碟式液限仪》(GB 7961—87)的规定。

2. 碟式液限仪试验

(1)取具有代表性的天然含水率土样或风干土样。若土中含有较多大于0.5 mm的颗粒或夹有多量的杂物时,应将土样风干后用研杵研碎或用木棒在橡皮板上擀碎,然后过0.5 mm的筛。

(2)当采用天然含水率土样时,取代表土样250 g,将试样放在橡皮板或毛玻璃板上

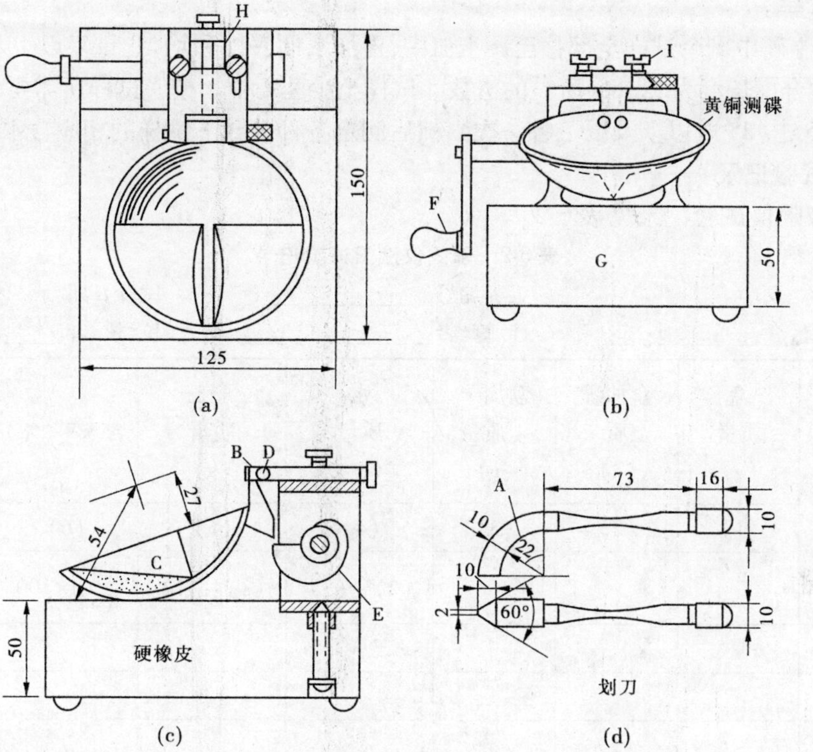

A—划刀;B—销子;C—土碟;D—支架;E—蜗轮;F—摇柄;G—底座;H—调整板;I—螺丝

图 6-1　碟式液限仪　(单位:mm)

搅拌均匀;当采用风干土样时,取过 0.5 mm 筛的代表性土样 200 g,将试样放在调土皿中,按需要加纯水,用调土刀反复拌匀,静置湿润过夜。

(3)将制备好的试样充分调拌均匀后,取一部分试样,平铺于土碟的前部。铺土时应防止试样中混入气泡,用调土刀将试样面修平,使试样最厚处为 10 mm,多余试样放回调土皿中。

(4)以蜗轮为中心,用划刀自后至前沿土碟中央将试样划成槽缝清晰的两半(见图 6-2)。为避免槽缝边扯裂或试样在土碟中滑动,允许从前至后,再从后至前多划几次,将槽逐步加深,以代替一次划槽,最后一次从后至前的划槽能明显地接触碟底,但应尽量减少划槽的次数。

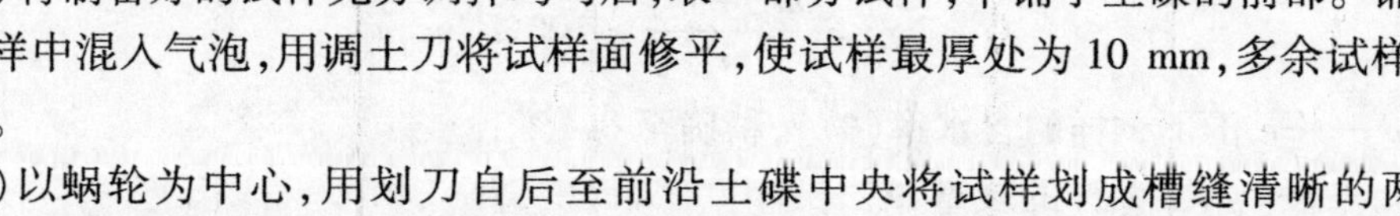

(a)试前划成两半　　　　(b)试后合拢情况

图 6-2　碟式液限仪试验划槽及合拢状况

(5)以每秒 2 转的速度转动摇柄,使土碟反复起落,坠击于底座 G 上,数记击数,直至试样两边在槽底的合拢长度为 13 mm 为止,记录其击数,并在槽的两边取试样 10 g 左右,测定其含水率。

(6)将土碟中剩余试样全部移至调土皿中,再加水彻底拌和均匀,重复以上步骤测定槽底两边试样合拢长度为13 mm所需的击数。试样至少为2个。槽底试样所需要的击数宜控制在15~35击(25次以上及以下各一次),然后测定各种击数下试样的相应含水率。

(三)试验记录

碟式液限仪试验记录见表6-2。

表6-2 碟式仪液限试验记录

工程名称________________ 工程编号________________ 试验日期________________

试 验 者________________ 计 算 者________________ 校 核 者________________

试样编号	击数	盒质量(g)	盒加湿土质量(g)	盒加干土质量(g)	水质量(g)	干土质量(g)	含水率(%)	液限(%)
		(1)	(2)	(3)	(4)	(5)	(6)	(7)
					(2)-(3)	(3)-(1)	$\frac{(4)}{(5)}\times100$	

(四)成果整理

(1)按式(6-3)计算击n次下合拢时试样的相应含水率:

$$\omega_n = \frac{m_n - m_d}{m_d} \times 100\% \tag{6-3}$$

式中 ω_n——n击下试样的含水率(%),精确至0.1%;

m_n——n击下试样的质量,g;

m_d——试样的干土质量,g。

(2)根据试验结果,以含水率为纵坐标,以击数为横坐标绘制含水率与击数的关系曲线,如图6-3所示,查得曲线上击数25次所对应的含水率,即为该试样的液限。

二、圆锥仪液限试验

圆锥仪液限试验就是将质量为76 g的圆锥仪轻放在试样的表面,使其在自重的作用下沉入土中,若圆锥体经过5 s恰好沉入土中10 mm深度,此时,试样的含水率就是液限。

(一)仪器设备

(1)圆锥液限仪(见图6-4)。主要组成部分包括:质量为76 g且带有平衡装置的圆锥,锥角30°,高25 mm,距锥尖10 mm处有环状刻度;用金属材料或有机玻璃制成的试样杯,直径不小于40 mm,高度不小于20 mm;平移底座由硬木或金属制成。

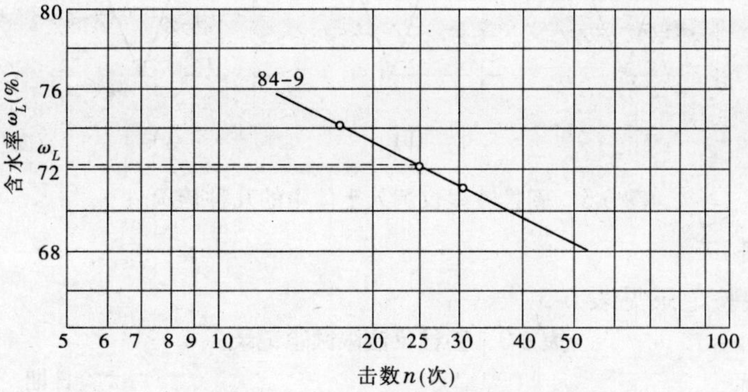

图6-3　含水率与击数关系曲线

(2)天平:称量200 g,最小分度值0.01 g。

(3)其他:烘箱、干燥器、铝盒、调土刀、小刀、毛玻璃板、孔径为0.5 mm的标准筛、研钵等设备。

(二)操作步骤

(1)选取具有代表性的天然含水率土样或风干土样。若土中含有较多大于0.5 mm的颗粒或夹有大量杂物时,应将土样风干后用带橡皮头的研杵研碎或用木棒在橡皮板上压碎,然后过0.5 mm的筛。

(2)当采用天然含水率土样时,取代表性土样250 g,将试样放在橡皮板或毛玻璃板上搅拌均匀;当采用风干土样时,取过0.5 mm筛的代表性土样200 g,将试样放在橡皮板上按需要用纯水将土样调成均匀膏状,然后放入调土皿中,盖上湿布,浸润过夜。

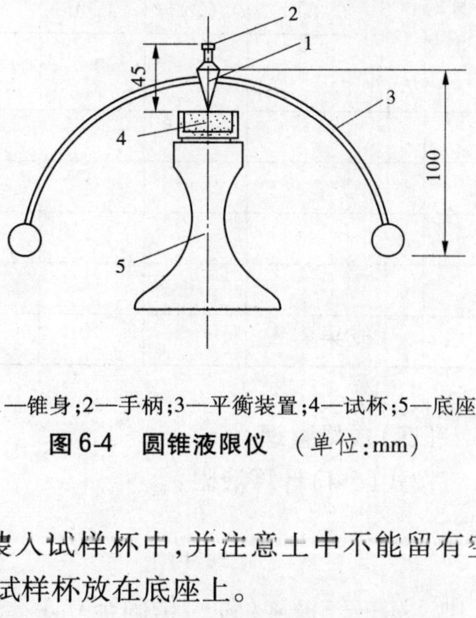

1—锥身;2—手柄;3—平衡装置;4—试杯;5—底座

图6-4　圆锥液限仪　(单位:mm)

(3)将土样用调土刀充分调拌均匀后,分层装入试样杯中,并注意土中不能留有空隙,装满试杯后刮去余土使土样与杯口齐平,并将试样杯放在底座上。

(4)将圆锥液限仪擦拭干净,并在锥尖上抹一薄层凡士林,两指捏住圆锥液限仪手柄,保持锥体垂直,当圆锥液限仪锥尖与试样表面正好接触时,轻轻松手让锥体自由沉入土中。

(5)放锥后约经5 s,锥体入土深度恰好为10 mm的圆锥环状刻度线处,此时土的含水率即为液限。

(6)若锥体入土深度超过或小于10 mm,表示试样的含水率高于或低于液限,应该用小刀挖去沾有凡士林的土,然后将试样全部取出,放在橡皮板或毛玻璃上,根据试样的干、湿情况,适当加纯水或边调拌边风干重新拌和,然后重复试验步骤(3)~(5)。

(7)取出锥体,用小刀挖去沾有凡士林的土,然后取锥孔附近土样10~15 g,放入称量盒内,测定其含水率。

圆锥液限仪沉入土体中的几种情况如图6-5所示。

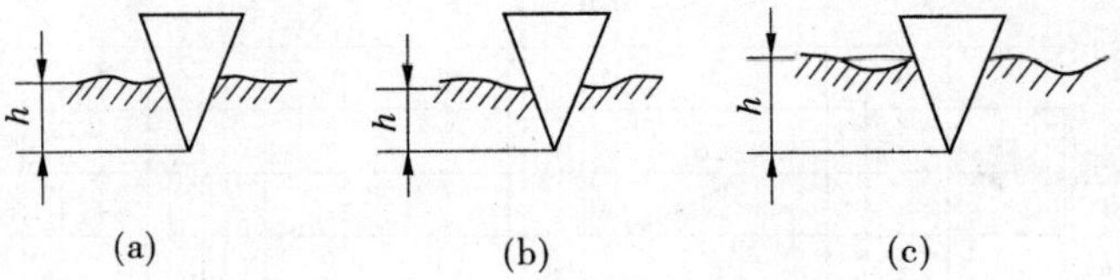

图6-5　圆锥液限仪沉入土体中的几种情况

(三)试验记录

圆锥仪液限试验记录见表6-3。

表6-3　圆锥仪液限试验记录

工程名称________　工程编号________　试验日期________

试 验 者________　计 算 者________　校 核 者________

试样编号	盒号	盒加湿土质量(g)	盒加干土质量(g)	盒质量(g)	水质量(g)	干土质量(g)	液限(%)	液限平均值(%)	备注
		(1)	(2)	(3)	(4)	(5)	(6)		
					(1)-(3)	(2)-(3)	$\frac{(4)}{(5)}\times 100$		

(四)成果整理

按式(6-4)计算液限:

$$\omega_L = \frac{m_2 - m_1}{m_1 - m_0} \times 100\% \qquad (6\text{-}4)$$

式中　ω_L——液限(%),精确至0.1%;

m_1——干土加称量盒质量,g;

m_2——湿土加称量盒质量,g;

m_0——称量盒质量,g。

液限试验需进行两次平行测定,并取其算术平均值,其平行差值不得大于2%。

第三节　塑限试验

测定塑限的方法主要是搓滚法和液塑限联合测定法。本节介绍搓滚法,搓滚法试验就是用手掌在毛玻璃板上搓滚土条,当土条直径达3 mm时产生裂缝并断裂,此时的土样含水率为塑限。

一、仪器设备

(1)毛玻璃板:200 mm×300 mm。

(2)缝隙3 mm的模板或直径3 mm的金属丝,或分度值0.02的卡尺。

(3)天平:称量200 g,分度值0.01 g。

(4)其他:铝盒、烘箱、干燥缸、孔径为0.5 mm的筛、滴管、研钵等。

二、操作步骤

(1)选取具有代表性的天然含水率土样或过0.5 mm筛的代表性风干土样100 g,放在盛土皿中加纯水拌和,浸润静置过夜。

(2)为使试验前试样的含水率接近塑限,可将试样在手中捏揉至不粘手,或用吹风机稍微吹干,然后将试样捏扁,如出现裂缝,表示含水率已接近塑限。

(3)取接近塑限的试样一小块,先用手捏成橄榄形,然后用手掌在毛玻璃上轻轻搓滚。搓滚时手掌均匀施加压力于土条上,不得使土条在毛玻璃上无力滚动。土条长度不宜超过手掌宽度。在任何情况下,土条不得产生中空现象。

(4)当土条直径达到3 mm时,产生裂缝,并开始断裂,表示试样达到塑限;若不产生裂缝及断裂,表示这时试样的含水率高于塑限;当直径大于3 mm时即断裂,表示试样的含水率小于塑限,应弃去,重新取土试验。若土条在任何含水率下始终搓不到3 mm即开始断裂,则该土无塑性。

(5)取直径符合3 mm断裂土条3~5 g,放入称量盒内,随即盖紧盒盖,测定含水率。此含水率即为塑限。

三、试验记录

搓滚法塑限试验记录见表6-4。

表6-4 搓滚法塑限试验记录

工程名称________　　工程编号________　　试验日期________

试 验 者________　　计 算 者________　　校 核 者________

试样编号	盒号	盒加湿土质量(g)	盒加干土质量(g)	盒质量(g)	水质量(g)	干土质量(g)	塑限(%)	塑限平均值(%)	备注
		(1)	(2)	(3)	(4)	(5)	(6)		
					(1)-(3)	(2)-(3)	$\frac{(4)}{(5)}\times100$		

四、成果整理

按式(6-5)计算塑限:

$$\omega_P = \frac{m_2 - m_1}{m_1 - m_0} \times 100\% \tag{6-5}$$

式中 ω_P——塑限(%),精确至0.1%;

m_1——干土加称量盒质量,g;

m_2——湿土加称量盒质量,g;

m_0——称量盒质量,g。

塑限试验需进行两次平行测定,并取其算术平均值,其平行差值不得大于2%。

第四节 液塑限联合测定试验

液塑限联合测定法是根据圆锥仪的圆锥入土深度与其相应的含水率在双对数坐标上具有线性关系来进行的。利用圆锥质量为76 g的液塑限联合测定仪测得土在不同含水率时圆锥入土深度,并绘制其关系直线图,在图上查得圆锥下沉深度为10 mm(17 mm)所对应的含水率即为液限,查得圆锥下沉深度为2 mm所对应的含水率即为塑限。

一、仪器设备

(1)圆锥仪:圆锥质量为76 g,锥角30°。

(2)读数显示:宜采用光电式、游标式、百分表式。光电式液塑限联合测定仪如图6-6所示。

(3)试样杯:直径40~50 mm,高30~40 mm。

(4)天平:称量200 g,分度值0.01 g。

(5)其他:铝盒、烘箱、干燥缸、孔径为0.5 mm的筛、滴管、研钵、调土刀、凡士林等。

二、操作步骤

(1)取圆锥仪,在锥体上涂一薄层润滑油脂,接通电源,使电磁铁吸稳圆锥仪(对于游标式或百分表式,提起锥杆,用旋钮固定)。

(2)调节屏幕准线,使初读数为零(游标尺或百分表读数调零)。调节升降座,使圆锥仪角接触试样面,指示灯亮时圆锥在自重下沉入试样内(游标式或百分表式用手扭动旋钮,松开锥杆),经5 s后立即测读圆锥下沉深度。然后取出试样杯,取10 g以上的试样2份,测定含水率。

(3)将试样从试样杯中全部挖出,再填入另一试样于试样杯中,重复以上试验步骤,分别测定试样在不同含水率下的圆锥下沉深度。液塑限联合测定至少在3点以上,其圆锥入土深度宜分别控制在3~4 mm、7~9 mm和15~17 mm。

三、试验记录

液塑限联合测定试验记录见表6-5。

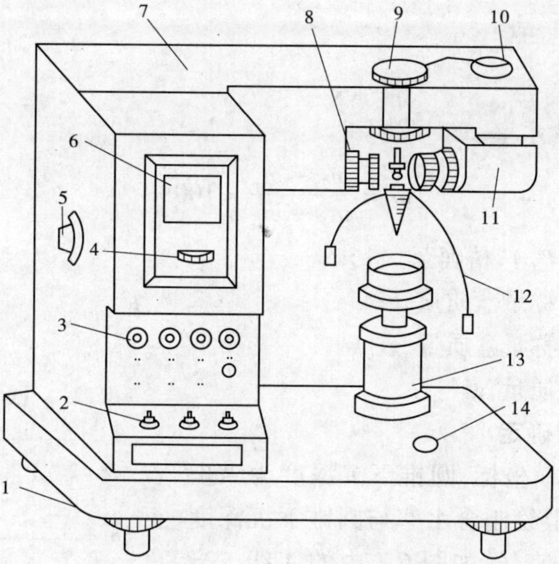

1—水平调节螺丝;2—控制开关;3—指示灯;4—零线调节螺丝;
5—反光镜调节螺丝;6—屏幕;7—机壳;8—物镜调节螺丝;9—电磁装置;
10—光源调节螺丝;11—光源;12—圆锥仪;13—升降台;14—水平泡

图 6-6　光电式液塑限联合测定仪示意图

表 6-5　液塑限联合测定试验记录

工程名称＿＿＿＿＿＿＿　工程编号＿＿＿＿＿＿＿　试验日期＿＿＿＿＿＿＿
试 验 者＿＿＿＿＿＿＿　计 算 者＿＿＿＿＿＿＿　校 核 者＿＿＿＿＿＿＿

试样编号	圆锥下沉深度（mm）	盒号	盒加湿土质量（g）	盒加干土质量（g）	盒质量（g）	水质量（g）	干土质量（g）	含水率（%）	液限（%）	塑限（%）	塑性指数	液性指数
			（1）	（2）	（3）	（4）	（5）	（6）	（7）	（8）	（9）	（10）
						（1）－（2）	（2）－（3）	$\frac{(4)}{(5)}\times 100$			（7）－（8）	$\frac{\omega_0-(8)}{(9)}$

四、成果整理

（一）含水率计算

按式(6-6)计算含水率：

$$\omega = \frac{m_2 - m_1}{m_1 - m_0} \times 100\% \tag{6-6}$$

式中 ω——含水率(%)，精确至0.1%；

m_1——干土加称量盒质量，g；

m_2——湿土加称量盒质量，g；

m_0——称量盒质量，g。

（二）液限和塑限确定

(1)以含水率为横坐标，圆锥下沉深度为纵坐标，在双对数坐标纸上绘制含水率与圆锥下沉深度关系曲线。三点连一直线，如图6-7中的A线。当三点不在一直线上，通过高含水率的一点与其余两点连成两条直线，在圆锥下沉深度为2 mm处查得相应的含水率，当两个含水率的差值小于2%时，应以该两点含水率的平均值与高含水率的点连成一线，如图6-7中的B线。当两个含水率的差值大于、等于2%时，应补做试验。

(2)在圆锥下沉深度与含水率关系图上，查得下沉深度为17 mm所对应的含水率为液限，查得下沉深度为10 mm所对应的含水率为10 mm液限，查得下沉深度为2 mm所对应的含水率为塑限，以百分数表示，取整数。

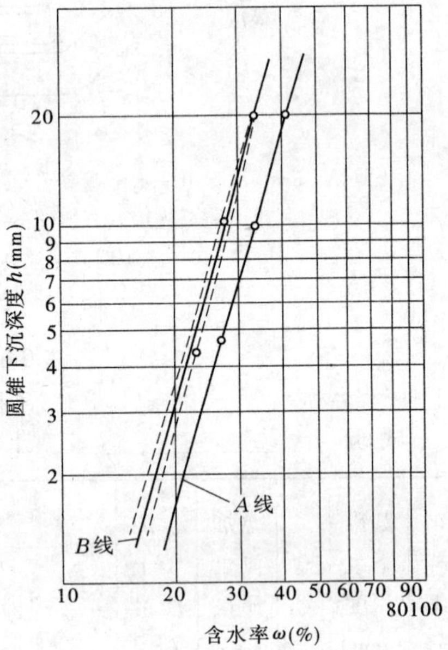

图6-7 圆锥下沉深度与含水率关系

（三）塑性指数和液性指数的计算

按式(6-7)计算塑性指数，按式(6-8)计算液性指数：

$$I_P = \omega_L - \omega_P \tag{6-7}$$

$$I_L = \frac{\omega - \omega_P}{I_P} \tag{6-8}$$

式中 I_P——塑性指数；

ω_L——液限(%)；

ω_P——塑限(%)；

ω——天然含水率(%)；

I_L——液性指数，计算至0.01。

第五节　缩限试验

缩限 ω_s 是细粒土从半固体状态继续蒸发水分过渡到固体状态时体积不再收缩的界限含水率,测定土的缩限采用收缩试验,将土样制备成含水率等于或大于 10 mm 液限的试样,然后分层密实地填入收缩皿内,刮平表面后称重。先在通风处凉干,再放在烘箱中烘至恒量,取出冷却后称重。用蜡封法测定试样的体积,用相应的公式计算缩限。

一、仪器设备

(1)收缩皿(或环刀):金属制成,直径 45 ~ 50 mm,高 20 ~ 30 mm。

(2)天平:称量 500 g,分度值 0.01 g。

(3)蜡,烧杯,细线,针。

(4)其他:铝盒、烘箱、干燥缸、孔径为 0.5 mm 的筛、滴管、研钵、调土刀、凡士林等。

二、操作步骤

(1)取代表性土样,用纯水制备成约为液限的试样。

(2)在收缩皿内抹一薄层凡士林,将试样分层装入收缩皿中,每次装入后将皿在试验台上拍击,直至驱尽气泡为止。

(3)收缩皿装满试样后,用直尺刮去多余试样,擦净收缩皿外部,立即称收缩皿加湿土总质量。

(4)将盛装试样的收缩皿放在室内逐渐晾干,至试样的颜色变淡时,放入烘箱中烘至恒量。

(5)称皿和干土总质量,准确至 0.01 g。

(6)用蜡封法测定干土体积。

三、试验记录

缩限试验记录见表 6-6。

四、成果整理

按式(6-9)计算缩限:

$$\omega_s = 0.01\omega - \frac{V_1 - V_2}{m_d}\rho_w \times 100 \tag{6-9}$$

式中　ω_s——缩限(%);

V_1——湿土体积(即收缩皿或环刀的容积),cm^3;

V_2——烘干后土的体积,cm^3;

ω——制备含水率(%);

m_d——干土质量,g;

ρ_w——水的密度,g/cm^3。

缩限计算至0.1%。

表6-6 缩限试验记录

工程名称________ 工程编号________ 土样说明________

试 验 者________ 计 算 者________ 校 核 者________

试验日期	年	月 日				
室内编号						
收缩皿编号						
湿土质量 (g)	(1)					
干土质量 (g)	(2)					
含水率 (%)	(3)	$\left[\frac{(1)}{(2)}-1\right]\times 100$				
湿土体积 (cm^3)	(4)					
干土体积 (cm^3)	(5)					
收缩体积 (cm^3)	(6)	(4)-(5)				
收缩含水率(%)	(7)	$\frac{(6)}{(2)}\rho_w \times 100$				
缩限 (%)	(8)	(3)-(7)				
平均值 (%)	(9)					

思考题

6-1 土的界限含水率试验的目的是什么？如何判断土的天然稠度状态？

6-2 如何对黏性土进行工程分类？

6-3 某同学做塑限试验时，将烘干试样从烘箱取出5 min后盖上盖子称量，这样操作是否正确？为什么？

6-4 说明塑性指数、液性指数的物理意义。

第七章　颗粒分析试验

【教学重点及要求】

1. 了解土的粒组划分、土的颗粒级配、土的颗粒级配情况的判断。

2. 熟练掌握土的颗粒分析试验方法、适用范围、操作步骤及注意事项。

3. 掌握各种试验方法记录及成果整理的内容。

4. 学会根据颗粒分析试验的结果对土进行工程分类。

第一节　概　述

天然土都是由大小不同的颗粒所组成的。土粒的粒径从粗到细逐渐变化时，土的性质也随之相应地发生变化。在工程上，把粒径大小相近的土粒按适当的粒径范围归并为一组，称为粒组，各个粒组随着粒径分界尺寸的不同而呈现出一定质的变化。土粒的大小及其组成情况，通常以土中各个粒组的相对含量（各粒组占土粒总量的百分数）来表示，称为土的颗粒级配。确定土中各种粒组所占该土总质量的百分数的方法称为颗粒分析试验，可分为筛析法和沉降分析法，其中沉降分析法又有密度计法（比重计法）和移液管法等。对于粒径大于 0. 075 mm 的土粒，可用筛析法来测定；对于粒径小于 0. 075 mm 的土粒，则用沉降分析方法（密度计法或移液管法）来测定。若土中粗细兼有，则联合使用筛析法及密度计法或移液管法。

颗粒分析试验的目的是测定干土中各种粒组所占该土总质量的百分数即土的颗粒级配，并且明确颗粒大小分布情况，供土的分类与概略判断工程性质及为建材选料提供依据。

第二节　筛析法试验

筛析法就是将土样通过各种不同孔径的筛子，并按筛子孔径的大小将颗粒加以分组，然后称量留在各种不同孔径的筛子上和筛底盘上土的质量，计算出各个粒组占总土的百分数。适用于颗粒小于等于 60 mm、大于 0. 075 mm 的土。

一、仪器设备

（1）符合 GB 6003—85 要求的试验筛。粗筛：圆孔，孔径为 60 mm、40 mm、20 mm、10 mm、5 mm、2 mm；细筛：孔径为 2. 0 mm、1. 0 mm、0. 5 mm、0. 25 mm、0. 1 mm、0. 075 mm。

（2）天平：称量 1 000 g，分度值 0. 1 g；称量 200 g，分度值 0. 01 g。

（3）台称：称量 5 kg，分度值 1 g。

（4）振筛机：应符合 GB 9909—88 的技术条件。

(5)其他:烘箱、研钵、瓷盘、毛刷、木碾、量筒、漏斗、瓷杯、匙等。

二、操作步骤

(一)四分法

从风干、松散的土样中,用四分法按下列规定取出代表性试样:

(1)粒径小于2 mm的土取100~300 g;

(2)最大粒径小于10 mm的土取300~1 000 g;

(3)最大粒径小于20 mm的土取1 000~2 000 g;

(4)最大粒径小于40 mm的土取2 000~4 000 g;

(5)最大粒径小于60 mm的土取4 000 g以上。

(二)无黏性土

(1)按上述规定称量准确至0.1 g。当试样质量多于500 g时,准确至1 g。

(2)将试样过2 mm孔细筛,分别称出筛上和筛下土质量,若2 mm筛下的土的质量小于试样总质量的10%,则可省略细筛筛析;若2 mm筛上的土的质量小于试样总质量的10%,则可省略粗筛筛析。

(3)取2 mm筛上试样倒入依次叠好的粗筛的最上层筛中;取2 mm筛下试样倒入依次叠好的细筛的最上层筛中,进行筛析。细筛宜放在振筛机上振筛,振筛时间一般为10~15 min。

(4)由最大孔径筛开始,顺序将各筛取下,在白纸上用手轻叩摇晃,如仍有土粒漏下,应继续轻叩摇晃,至无土粒漏下为止。漏下的土粒应全部放入下级筛内,并将留在各筛上的试样分别称重,准确至0.1 g。

(5)各细筛上及底盘内土质量总和与筛前所取2 mm筛下土质量之差不得大于1%;各粗筛上及2 mm筛下的土质量总和与试样质量之差不得大于1%。

(三)含有黏土粒的砂砾土

(1)将土样放在橡皮板上用木碾将黏结的土团充分碾散,用四分法按操作步骤(一)规定称取代表性试样,置于盛有清水的瓷盆中,用搅棒搅拌,使土样充分浸润和粗细颗粒分离。

(2)将浸润后的混合液过2 mm细筛,边搅拌边冲洗边过筛,直至筛上仅留大于2 mm的土粒为止。然后将筛上的土风干称量,准确至0.1 g。按无黏性土规定进行粗筛筛析。

(3)取通过2 mm筛下的试样悬液,用带橡皮头的研杵研磨,然后过0.075 mm的筛子,并将留在0.075 mm筛上的净砂烘干称量,准确至0.1 g。

(4)将粒径大于0.075 mm的烘干试样倒入依次叠好的细筛的最上层筛中,进行细筛筛析,细筛宜置于振筛机上进行振筛,时间一般为10~15 min。

(5)当粒径小于0.075 mm的试样质量大于试样总质量的10%时,应采用密度计法或移液管法测定小于0.075 mm的颗粒组成。

三、试验记录

筛析法试验记录见表7-1。

表 7-1　颗粒大小分析试验记录(筛析法)

工程名称________　土样编号________　试验日期________
试 验 者________　计 算 者________　校 核 者________

风干土质量 =　　g　　　　小于 0.075 mm 的土占总土质量百分数 =　　%
2 mm 筛上土质量 =　　g　　小于 2 mm 的土占总土质量百分数 =　　%
2 mm 筛下土质量 =　　g　　细筛分析时所取试样质量 =　　g

筛号	孔径(mm)	累积留筛土质量(g)	小于该孔径的土质量(g)	小于该孔径的土质量百分数(%)	小于该孔径的总土质量百分数(%)
底盘总计					

四、计算与制图

(一)计算小于某粒径的试样质量占试样总质量的百分数

计算公式为

$$X = \frac{m_A}{m_B} d_x \tag{7-1}$$

式中　X——小于某粒径的试样质量占试样总质量的百分数(%);

m_A——小于某粒径的试样质量,g;

m_B——当细筛分析时或用密度计法分析时所取试样质量(粗筛分析时则为试样总质量),g;

d_x——粒径小于 2 mm 或粒径小于 0.075 mm 的试样质量占总质量的百分数(%),如试样中无大于 2 mm 的粒径或小于 0.075 mm 的粒径,在计算粗筛分析时,则 $d_x = 100\%$。

(二)绘制颗粒大小分布曲线

以小于某粒径的试样质量占总质量的百分数为纵坐标,以粒径的对数为横坐标上进行绘制(见图 7-1)。然后求出各粒组的颗粒质量的百分数。

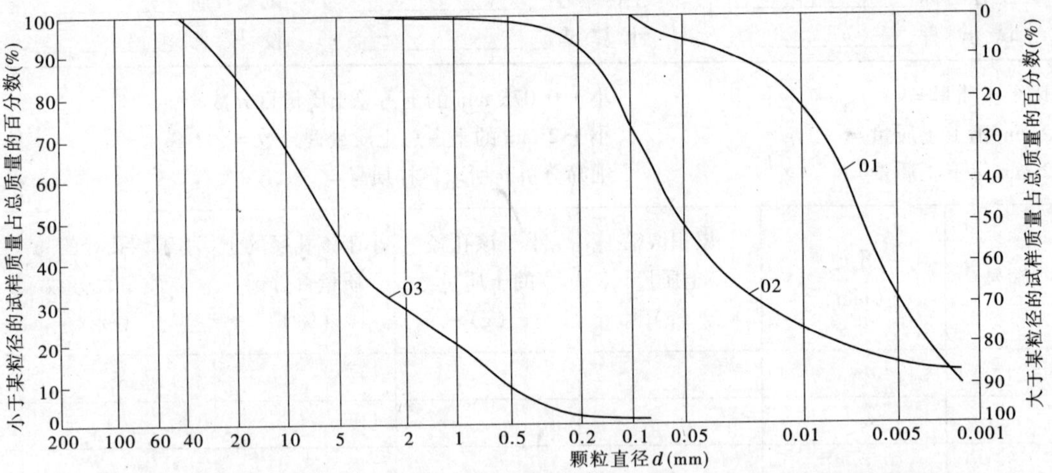

卵石或碎石	砾			砂粒			粉粒	黏粒
	粗	中	细	粗	中	细		

试样编号	粗粒土(> 0.075 mm)					土的分类	细粒土(< 0.075 mm)	
	> 60(%)	砾(%)	砂(%)	$c_u = \frac{d_{60}}{d_{10}}$	$c_c = \frac{d_{30}^2}{d_{10}d_{60}}$		0.075~0.005	< 0.005

工程编号______
钻孔编号______
土样说明______
试验日期______
试 验 者______
计 算 者______
制 图 者______
试验方法______
校 核 者______

图 7-1　颗粒大小分布曲线

(三)计算级配指标

1. 不均匀系数

不均匀系数用下式计算:

$$c_u = \frac{d_{60}}{d_{10}} \tag{7-2}$$

式中　c_u ——不均匀系数;

d_{60} ——限制粒径,在粒径分布曲线上小于该粒径的土含量占总土质量 60% 的粒径,mm;

d_{10} ——有效粒径,在粒径分布曲线上小于该粒径的土含量占总土质量 10% 的粒径,mm。

2. 曲率系数

曲率系数用下式计算:

$$c_c = \frac{d_{30}^2}{d_{60}d_{10}} \tag{7-3}$$

式中　c_c ——曲率系数;

d_{30} ——在粒径分布曲线上小于该粒径的土含量占总土质量 30% 的粒径,mm。

第三节　密度计法试验(比重计法)

密度计法是依据司笃克斯(Stokes)定律进行测定的。当土粒在液体中靠自重下沉时,较大的颗粒下沉较快,而较小的颗粒下沉较慢。一般认为,对于粒径为0.2～0.002 mm的颗粒,在液体中靠自重下沉时,作等速运动,这符合司笃克斯定律。密度计法是沉降分析法的一种,只适用于粒径小于0.075 mm的试样。

密度计法是将一定量的土样(粒径<0.075 mm)放在量筒中,然后加纯水,经过搅拌,使土的大小颗粒在水中均匀分布,制成一定量的均匀浓度的土悬液(1 000 mL)。静置悬液,让土粒沉降,在土粒下沉过程中,用密度计(比重计)测出在悬液中对应于不同时间的不同悬液密度,根据密度计读数和土粒的下沉时间,就可计算出粒径小于某一粒径 d(mm)的颗粒占土样总量的百分数。

用密度计进行颗粒分析,须作下列三个假定:

(1)司笃克斯定律能适用于细粒土组成的悬液。

(2)试验开始时,土的大小颗粒均匀地分布在悬液中。

(3)所采用量筒的直径较比重计直径大得多。

一、仪器设备

(1)密度计:目前通常采用的密度计有甲、乙两种,这两种密度计的制造原理及使用方法基本相同,但密度计的读数所表示的含义则是不同的,甲种密度计读数所表示的是一定量悬液中干土质量,乙种密度计读数所表示的是悬液比重。

①甲种密度计,刻度单位以在20 ℃时每1 000 mL悬液内所含土质量的克数来表示,刻度为-5～50,分度值为0.5。

②乙种密度计(20 ℃/20 ℃),刻度单位以在20 ℃时悬液的比重来表示,刻度为0.995～1.020,分度值为0.000 2。

(2)量筒:容积1 000 mL,内径约60 mm,高42～45 cm,刻度0～1 000 mL,分度值为10 mL。

(3)试验筛:孔径2 mm、1 mm、0.5 mm、0.25 mm、0.1 mm的细筛,以及孔径0.075 mm的洗筛。

(4)洗筛漏斗:上口直径大于洗筛直径,下口直径略小于量筒内径,使洗筛恰可套入漏斗中。

(5)天平:称量1 000 g、最小分度值0.1 g和称量200 g、最小分度值0.01 g两种。

(6)搅拌器:轮径50 mm,孔径约3 mm,杆长约450 mm,带螺旋叶。

(7)煮沸设备:电砂浴或电热板(附冷凝管装置)。

(8)温度计:刻度0～50 ℃,最小分度值0.5 ℃。

(9)其他:秒表、容积500 mL的锥形烧瓶、研钵、木杵、电导率仪等。

二、试剂

(1)分散剂:4%六偏磷酸钠溶液,在100 mL水中溶解4 g六偏磷酸钠$(NaPO_3)_6$。

(2)易溶盐检验试剂:5%酸性硝酸银溶液,在100 mL的10%硝酸(HNO_3)溶液中溶解5 g硝酸银($AgNO_3$)。

(3)易溶盐检验试剂:5%酸性氯化钡溶液,在100 mL的10%盐酸(HCl)溶液中溶解5 g氯化钡($BaCl_3$)。

三、操作步骤

(1)称取具有代表性的风干试样200~300 g,过2 mm筛,并求出留在筛上试样占试样总质量的百分比。

(2)测定通过2 mm筛试样的风干含水率。

(3)称取干土质量为30 g的风干试样,干土质量为30 g的风干试样质量可按式(7-4)或式(7-5)计算。

当易溶盐含量小于1%时

$$m_0 = 30 \times (1 + 0.01\omega_0) \tag{7-4}$$

当易溶盐含量大于等于1%时:

$$m_0 = \frac{30 \times (1 + 0.01\omega_0)}{1 - 0.01W} \tag{7-5}$$

式中 m_0——风干土质量,g;

ω_0——风干土含水率(%);

W——易溶盐含量(%)。

(4)当试样中易溶盐含量大于0.5%时,则说明试样中含有足以使悬液中土粒成团下降的易溶盐,应进行洗盐。易溶盐含量的检验方法可采用电导法或目测法。

(一)易溶盐含量检验

(1)电导法:采用电导率仪,测定 T ℃时试样溶液(土水比为1∶5)的电导率,并按式(7-6)计算20 ℃时的电导率:

$$K_{20} = \frac{K_T}{1 + 0.02(T - 20)} \tag{7-6}$$

式中 K_{20}——20 ℃时悬液的电导率,μS/cm;

K_T——T ℃时悬液的电导率,μS/cm;

T——测定时悬液的温度,℃。

K_{20}大于1 000 μS/cm时,应进行洗盐。

(2)目测法:取风干试样3 g,放入烧杯中,加4~6 mL纯水调成糊状,并用带橡皮头的玻璃棒研散,再加25 mL纯水,然后煮沸10 min,冷却后经漏斗注入30 mL的试管中,静置过夜。若试管中悬液出现凝聚现象,应进行洗盐。

(二)洗盐方法

按式(7-5)计算并称取干土质量为30 g的风干质量,准确至0.01 g,倒入500 mL的锥形瓶中,加纯水200 mL,搅拌后迅速倒入贴有滤纸的漏斗中,并注入纯水冲洗过滤,若发现滤液浑浊,则必须重新过滤,直到滤液的电导率K_{20}小于1 000 μS/cm或对于5%酸性硝酸银溶液和5%酸性氯化钡溶液无白色沉淀反应为止。

(1)将风干试样或洗盐后留在滤纸上的试样,倒入500 mL锥形瓶中,注入200 mL纯水,然后浸泡过夜。

(2)将锥形瓶置于煮沸设备上煮沸，煮沸时间为40~60 min。

(3)将冷却后的悬液倒入烧杯中，静置1 min，并将上部悬液通过0.075 mm筛，遗留在杯底的沉淀物用带橡皮头杵研散，然后加适量水搅拌，静置1 min，再将上部悬液通过0.075 mm筛，如此重复进行，直至静置1 min后，上部悬液澄清为止，但需注意的是，最后所得悬液不得超过1 000 mL。

(4)将筛上和杯中砂粒合并洗入蒸发皿中，倒去清水，烘干，称量，然后进行筛孔径分别为2 mm、1 mm、0.5 mm、0.25 mm、0.1 mm的细筛分析，并计算大于0.075 mm的各级颗粒占试样总质量的百分比。

(5)将已通过0.075 mm筛的悬液倒入量筒内，加入10 mL的4%六偏磷酸钠分散剂，再注入纯水至1 000 mL。

(6)用搅拌器在量筒内沿悬液深度上下搅拌1 min，往复约30次，使悬液内土粒均匀分布，但在搅拌时注意不能使悬液溅出筒外。

(7)取出搅拌器，并立即开动秒表，测记0.5 min、1 min、2 min、5 min、15 min、30 min、60 min、120 min和1 440 min时的密度计读数。每次读数前10~20 s，均应将密度计放入悬液中，且保持密度计浮泡处在量筒中心，不得贴近量筒内壁。

(8)每次读数后，应取出密度计放入盛有纯水的量筒中，并测定相应的悬液温度，准确至0.5 ℃，放入或取出密度计时，应小心轻放，不得扰动悬液。

(9)密度计读数均以弯液面上缘为准。甲种密度计应准确至0.5，乙种密度计应准确至0.000 2。

四、试验记录

密度计法颗粒分析试验记录见表7-2。

表7-2 颗粒分析试验记录(密度计法)

工程名称________	试验者________
土样编号________	计算者________
试验日期________	校核者________
小于0.075 mm颗粒土质量百分数________	干土总质量________
湿土质量________	密度计号________
含水量________	量筒号________
干土质量________	烧杯号________
含盐量________	土粒比重________
试样处理说明________	比重校正值________
风干土质量________	弯液面校正值________

试验时间	下沉时间 t(min)	悬液温度 T(℃)	密度计读数 R	温度仪校正值 m	分散剂校正值 C_D	密度计读数		土粒落距 L(cm)	粒径(mm)	小于某粒径土质量百分数(%)	小于某粒径总土质量百分数(%)
						$R_M = R + m + n - C_D$	$R_H = R_M C_S$				

五、成果整理

(1)小于某粒径的试样质量占试样总质量的百分比,可按式(7-7)或式(7-8)计算。

①甲种密度计:

$$X = \frac{100}{m_d} C_G (R + m_T + n - C_D) \tag{7-7}$$

式中 X——小于某粒径的试样质量百分比(%);

m_d——试样干土质量,g;

C_G——土粒比重校正值,可按(7-8)计算,或查表 7-3;

$$C_G = \frac{\rho_s}{\rho_s - \rho_{w20}} \times \frac{2.65}{2.65 - \rho_{w20}} \tag{7-8}$$

ρ_s——土样密度,g/cm³,数值与土粒比重相同;

ρ_{w20}——20 ℃时水的密度,g/cm³,ρ_{w20} = 0.998 232 g/cm³;

R——甲种密度计读数;

m_T——悬液温度校正值,查表 7-4;

n——弯液面校正值;

C_D——分散剂校正值。

表 7-3　土粒比重校正值

土粒比重	比重校正值	
	甲种密度计 C_G	乙种密度计 C'_G
2.50	1.038	1.666
2.52	1.032	1.658
2.54	1.027	1.649
2.56	1.022	1.641
2.58	1.017	1.632
2.60	1.012	1.625
2.62	1.007	1.617
2.64	1.002	1.609
2.66	0.998	1.603
2.68	0.993	1.595
2.70	0.989	1.588
2.72	0.985	1.581
2.74	0.981	1.575
2.76	0.977	1.568
2.78	0.973	1.562
2.80	0.969	1.556
2.82	0.965	1.549
2.84	0.961	1.543
2.86	0.958	1.538
2.88	0.954	1.532

②乙种密度计：

$$X = \frac{100V_x}{m_d} C'_G [(R' - 1) + m'_T - n' - C'_D] \rho_{w20} \tag{7-9}$$

式中 C'_G——土粒比重校正值，可按式(7-10)计算，或查表7-3；

$$C'_G = \frac{\rho_s}{\rho_s - \rho_{w20}} \tag{7-10}$$

R'——乙种密度计读数；

V_x——悬液体积(等于1 000 mL)；

m_T——悬液温度校正值，查表7-4；

n'——弯液面校正值；

C'_D——分散剂校正值；

ρ_{w20}——20 ℃时水的密度，g/cm^3，ρ_{w20} = 0.998 232 g/cm^3。

表7-4 温度校正值

悬液温度(℃)	甲种密度计温度校正值 m_T	乙种密度计温度校正值 m'_T	悬液温度(℃)	甲种密度计温度校正值 m_T	乙种密度计温度校正值 m'_T
10.0	−2.0	−0.001 2	20.0	+0.0	+0.000 0
10.5	−1.9	−0.001 2	20.5	+0.1	+0.000 1
11.0	−1.9	−0.001 2	21.0	+0.3	+0.000 2
11.5	−1.8	−0.001 1	21.5	+0.5	+0.000 3
12.0	−1.8	−0.001 1	22.0	+0.6	+0.000 4
12.5	−1.7	−0.001 0	22.5	+0.8	+0.000 5
13.0	−1.6	−0.001 0	23.0	+0.9	+0.000 6
13.5	−1.5	−0.000 9	23.5	+1.1	+0.000 7
14.0	−1.4	−0.000 9	24.0	+1.3	+0.000 8
14.5	−1.3	−0.000 8	24.5	+1.5	+0.000 9
15.0	−1.2	−0.000 8	25.0	+1.7	+0.001 0
15.5	−1.1	−0.000 7	25.5	+1.9	+0.001 1
16.0	−1.0	−0.000 6	26.0	+2.1	+0.001 3
16.5	−0.9	−0.000 6	26.5	+2.2	+0.001 4
17.0	−0.8	−0.000 5	27.0	+2.5	+0.001 5
17.5	−0.7	−0.000 4	27.5	+2.6	+0.001 6
18.0	−0.5	−0.000 4	28.0	+2.9	+0.001 8
18.5	−0.4	−0.000 3	28.5	+3.1	+0.001 9
19.0	−0.3	−0.000 2	29.0	+3.3	+0.002 1
19.5	−0.2	−0.000 1	29.5	+3.5	+0.002 2
20.0	−0.0	−0.000 0	30.0	+3.7	+0.002 3

(2)试样颗粒粒径按式(7-11)(司笃克斯公式)计算：

$$d = \sqrt{\frac{1\ 800 \times 10^4 \eta}{(G_s - G_{wT})\rho_{w4}} \times \frac{L}{t}} = K\sqrt{\frac{L}{t}} \tag{7-11}$$

式中　d——试样颗粒粒径,mm;

η——水的动力黏滞系数,10^{-6} kPa·s,可由表 8-2 查得;

G_s——土粒比重;

G_{wT}——T ℃时水的比重;

ρ_{w4}——4 ℃时纯水的密度,g/cm^3;

L——某一时间内的土粒沉降距离,cm;

t——沉降时间,s;

g——重力加速度,g/cm^2;

K——粒径计算系数 $K=\sqrt{\dfrac{1\ 800\times10^4\eta}{(G_s-G_{wT})\rho_{w4}}}$,与悬液温度和土粒比重有关,可由表 7-5查得。

表 7-5　粒径计算系数 K 值

温度(℃)	土粒比重								
	2. 45	2. 50	2. 55	2. 60	2. 65	2. 70	2. 75	2. 80	2. 85
5	0. 138 5	0. 136 0	0. 133 9	0. 131 8	0. 129 8	0. 127 9	0. 126 1	0. 124 3	0. 122 6
6	0. 136 5	0. 134 2	0. 132 0	0. 129 9	0. 128 0	0. 126 1	0. 124 3	0. 122 5	0. 120 8
7	0. 134 4	0. 132 1	0. 130 0	0. 128 0	0. 126 0	0. 124 1	0. 122 4	0. 120 6	0. 118 9
8	0. 132 4	0. 130 2	0. 128 1	0. 126 0	0. 124 1	0. 122 3	0. 120 5	0. 118 8	0. 118 2
9	0. 130 4	0. 128 3	0. 126 2	0. 124 2	0. 122 4	0. 120 5	0. 118 7	0. 117 1	0. 116 4
10	0. 128 8	0. 126 7	0. 124 7	0. 122 7	0. 120 8	0. 118 9	0. 117 3	0. 115 6	0. 114 1
11	0. 127 0	0. 124 9	0. 122 9	0. 120 9	0. 119 0	0. 117 3	0. 115 6	0. 114 0	0. 112 4
12	0. 125 3	0. 123 2	0. 121 2	0. 119 3	0. 117 5	0. 115 7	0. 114 0	0. 112 4	0. 111 09
13	0. 123 5	0. 121 4	0. 119 5	0. 117 5	0. 115 8	0. 114 1	0. 112 4	0. 110 9	0. 109 4
14	0. 122 1	0. 120 0	0. 118 0	0. 116 2	0. 114 9	0. 112 7	0. 111 1	0. 109 5	0. 108 0
15	0. 120 5	0. 118 4	0. 116 5	0. 114 8	0. 113 0	0. 111 3	0. 109 6	0. 108 1	0. 106 7
16	0. 118 9	0. 116 9	0. 115 0	0. 113 2	0. 111 5	0. 109 8	0. 108 3	0. 106 7	0. 105 3
17	0. 117 3	0. 115 4	0. 113 5	0. 111 8	0. 110 0	0. 108 5	0. 106 9	0. 104 7	0. 103 9
18	0. 115 9	0. 114 0	0. 112 1	0. 110 3	0. 108 6	0. 107 1	0. 105 5	0. 104 0	0. 102 6
19	0. 114 5	0. 112 5	0. 110 3	0. 109 0	0. 107 3	0. 105 8	0. 103 1	0. 108 8	0. 101 4
20	0. 113 0	0. 111 1	0. 109 3	0. 107 5	0. 105 9	0. 104 3	0. 102 9	0. 101 4	0. 100 0
21	0. 111 8	0. 109 9	0. 108 1	0. 106 4	0. 104 3	0. 103 3	0. 101 8	0. 100 3	0. 099 0
22	0. 110 3	0. 108 5	0. 106 7	0. 105 0	0. 103 5	0. 101 9	0. 100 4	0. 099 0	0. 097 67
23	0. 109 1	0. 107 2	0. 105 5	0. 103 8	0. 102 3	0. 100 7	0. 099 3	0. 097 93	0. 096 59
24	0. 107 8	0. 106 1	0. 104 4	0. 102 8	0. 101 2	0. 099 7	0. 098 23	0. 096 00	0. 095 55
25	0. 106 5	0. 104 7	0. 103 1	0. 101 4	0. 099 9	0. 098 39	0. 097 01	0. 095 66	0. 094 34
26	0. 105 4	0. 103 5	0. 101 9	0. 100 3	0. 098 79	0. 097 31	0. 095 92	0. 094 55	0. 093 27
27	0. 104 1	0. 102 4	0. 100 7	0. 099 15	0. 097 67	0. 096 23	0. 094 82	0. 093 49	0. 092 25
28	0. 103 2	0. 101 4	0. 099 75	0. 098 18	0. 096 70	0. 095 29	0. 093 91	0. 092 57	0. 091 32
29	0. 101 9	0. 100 2	0. 098 59	0. 097 06	0. 095 55	0. 094 13	0. 092 79	0. 091 44	0. 090 28
30	0. 100 8	0. 099 1	0. 097 52	0. 095 97	0. 094 50	0. 093 11	0. 091 76	0. 090 50	0. 089 27
35	0. 109 565	0. 094 05	0. 092 55	0. 091 12	0. 089 68	0. 088 35	0. 087 08	0. 086 86	0. 084 68
40	0. 109 120	0. 089 68	0. 088 22	0. 086 84	0. 085 50	0. 084 24	0. 083 01	0. 081 86	0. 080 73

(3)制图。以小于某粒径的试样质量占试样总质量的百分数为纵坐标,以颗粒粒径的对数为横坐标,在单对数坐标上绘制颗粒大小分布曲线,见图 7-1。

必须注意的是,当试样中既有小于 0.075 mm 的颗粒、又有大于 0.075 mm 的颗粒而需进行密度计法和筛析法联合分析时,应考虑到小于 0.075 mm 的试样质量占试样总质量的百分比,即应将按式(7-7)或式(7-9)所得的计算结果乘以小于 0.075 mm 的试样质量占试样总质量的百分数,然后分别绘制密度计法和筛析法所得的颗粒大小分布曲线,并将两段曲线连成一条平滑的曲线。

六、密度计校正

密度计在制造过程中,其浮泡体积及刻度往往不易准确,况且密度计的刻度是以纯水为标准的,当悬液中加入分散剂后,则悬液的比重比原来增大。因此,密度计在使用前,应对刻度、弯液面、土粒沉降距离、温度、分散剂等的影响进行校正。

(一)土粒沉降距离校正

(1)测定密度计浮泡体积。在 250 mL 量筒内倒入约 130 mL 纯水,并保持水温为 20 ℃,以弯液面上缘为准,测记水面在量筒上的读数并划一标记;然后将密度计缓慢放入量筒中,使水面达密度计的最低刻度处(以弯液面上缘为准)时,测记水面在量筒上的读数并再画一标记,水面在量筒上的两个读数之差即为密度计的浮泡体积,读数精确至 1 mL。

(2)测定密度计浮泡体积中心。在测定密度计浮泡体积之后,将密度计垂直向上缓慢提起,并使水面恰好落在两标记的中间。此时,水面与浮泡的相切处(以弯液面上缘为准),即为密度计浮泡的中心。将密度计固定在三角架上,用直尺量出浮泡中心至密度计最低刻度的垂直距离。

(3)测定 1 000 mL 量筒的内径(精确至 1 mm),并计算出量筒的截面面积。

(4)量出密度计最低刻度至玻璃杆上各刻度的距离,每 5 格量距 1 次。

(5)按式(7-12)计算土粒有效沉降距离:

$$L = L' - \frac{V_b}{2A} = L_1 + \left(L_0 - \frac{V_b}{2A}\right) \tag{7-12}$$

式中 L——土粒有效沉降距离,cm;

L'——水面至密度计浮泡中心的距离,cm;

L_1——最低刻度至玻璃杆上各刻度的距离,cm;

L_0——密度计浮泡中心至最低刻度的距离,cm;

V_b——密度计浮泡体积,cm^3;

A——1 000 mL 量筒的截面面积,cm^2。

(6)用所量出的最低刻度至玻璃杆上各刻度的不同距离 L_1 值代入式(7-12),可计算出各相应的土粒有效沉降距离 L 值,然后绘制密度计读数与土粒有效沉降距离的关系曲线,从而根据密度计的读数得出土粒的有效沉降距离。

(二)刻度及弯液面校正

试验时,密度计的读数是以弯液面的上缘为准的,而密度计制造时,其刻度是以弯液面的下缘为准,因此应对密度计刻度及弯液面进行校正。

将密度计放入20 ℃纯水中，此时，密度计上弯液面的上、下缘的读数之差即为弯液面的校正值。

（三）温度校正

密度计刻度是以20 ℃为标准温度刻制的，但试验时的悬液温度不一定恰好等于20 ℃，而水的密度变化及密度计浮泡体积的膨胀会影响密度计的准确读数，因此需要加以温度校正。

密度计读数的温度校正可从表7-4查得。

（四）土粒比重校正

密度计刻度是假定悬液内土粒的比重为2.65，若试验时土粒的比重不是2.65，则必须加以校正，甲、乙两种密度计的比重校正值可分别按式(7-8)和式(7-10)计算，或由表7-3查得。

（五）分散剂校正

在用密度计读数时，若在悬液中加入分散剂，则也应考虑分散剂对密度计读数的影响。具体方法是，将1 000 mL的纯水恒温至20 ℃，先测出密度计在20 ℃纯水中的读数，然后加试验时采用的分散剂，用搅拌器在量筒内沿整个深度上下搅拌均匀，并将密度计放入溶液中，测记密度计读数，二者之差即为分散剂校正值。

第四节　移液管法试验

移液管法也是根据司笃克斯定律的原理计算出某粒径的颗粒自液面下沉到一定深度所需要的时间，并在此时间间隔用移液管自该深度处取出固定体积的悬液，将取出的悬液蒸发后称干土质量，通过计算此悬液占总悬液的比例来求得此悬液中干土质量占全部试样的百分数。

移液管法适用于粒径小于0.075 mm的试样。

一、仪器设备

(1)移液管(见图7-2)，容积25 mL±0.5 mL。

(2)容积1 000 mL的量筒。

(3)恒温水槽。

(4)容积50 mL的烧杯。

(5)称量200 g、最小分度值0.001 g的天平。

(6)其他与密度计法相同。

二、操作步骤

(1)取代表性风干试样200~300 g，过2 mm筛，并测定试样的风干含水率。

(2)从通过2 mm筛的试样中，称取黏土10~15 g，砂土20 g，精确至0.001 g，放入500 mL的三角烧瓶内，并加200 mL的纯水，浸泡12 h以上。

(3)将三角烧瓶稍加摇晃，放在煮沸设备上煮沸40~60 min，待冷却后再通过0.075

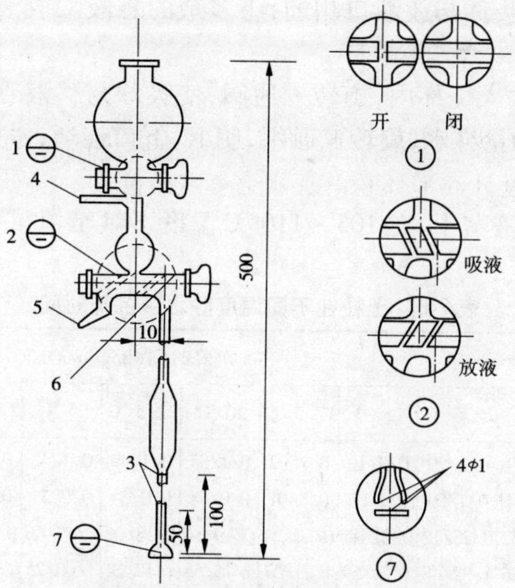

1—二通阀;2—三通阀;3—移液管;4—接吸球;

5—放液口;6—移液管容积(25 mL ±0.5 mL);7—移液管口

图 7-2 移液管装置示意图 (单位:mm)

mm 的洗筛倒入量筒,并加 10 mL 的 4% 六偏磷酸钠分散剂,再注入纯水至 1 000 mL。

(4)将装置悬液的量筒置于恒温水槽中,测记悬液温度,精确至 0.5 ℃,试验过程中,悬液温度变化范围为 ±0.5 ℃。

(5)按式(7-13)计算粒径为 0.05 mm、0.01 mm、0.005 mm、0.001 mm 及其他所需粒径下沉一定深度所需的静置时间(也可查表 7-6)。

$$t = \frac{L}{\frac{1}{1\,800} \times 10^{-4} g d^2 \frac{G_s - G_{wT}}{\eta} \rho_{w4}} \tag{7-13}$$

式中 t——某粒径颗粒下沉一定深度所需的静置时间,s;

d——试样颗粒粒径,mm,

η——水的动力黏滞系数,10^{-6} kPa·s;

G_s——土粒比重;

G_{wT}——T ℃时水的比重;

ρ_{w4}——4 ℃时纯水的密度,g/cm^3;

L——移液管放入悬液中的深度,cm;

g——重力加速度,cm/s^2。

(6)用搅拌器在盛放悬液的量筒内沿悬液深度上、下搅拌 1 min,使大小颗粒分布均匀。

(7)取搅拌器,开动秒表,将移液管的二通阀置于关闭位置、三通阀置于移液管和吸球相通的位置,根据各粒径所需的静置时间,提前 10 s 将移液管放入悬液中,移液管插入深度为 10 cm,并用吸球吸取悬液。吸取量应不少于 25 mL。

(8)旋转三通阀，使吸球与放液口相通，将多余的悬液从放液口流出，收集后倒入原悬液中。

(9)将移液管下口放入烧杯内，旋转三通阀，使吸球与移液管相通，用吸球将悬液挤入烧杯中，从上口倒入少量纯水，旋转三通阀，使上、下口连通，水则通过移液管将悬液洗入烧杯中。

(10)将烧杯内的悬液蒸干，在 105 ~ 110 ℃温度下烘至恒重，称烧杯内试样质量，精确到 0.001 g。

表 7-6　土粒在不同温度静水中沉降时间

土粒比重	土粒直径(mm)	沉降距离(cm)	沉降时间(h/min/s)										
			10 ℃	12.5 ℃	15 ℃	17.5 ℃	20 ℃	22.5 ℃	25 ℃	27.5 ℃	30 ℃	32.5 ℃	35 ℃
2.6	0.050	25.0	0/2/29	0/2/29	0/2/10	0/2/02	0/1/55	0/1/49	0/1/43	0/1/37	0/1/32	0/1/27	0/1/23
	0.050	12.5	0/1/14	0/1/09	0/1/05	0/1/01	0/0/58	0/0/54	0/0/51	0/0/48	0/0/46	0/0/44	0/0/4
	0.010	10.0	0/24/52	0/23/12	0/21/45	0/20/24	0/19/14	0/18/06	0/17/06	0/16/09	0/15/39	0/14/38	0/13/49
	0.005	10.0	0/39/26	1/32/48	1/26/59	1/21/37	1/16/55	1/12/24	1/08/25	1/04/14	1/01/10	0/58/23	0/55/16
2.65	0.050	25.0	0/2/25	0/2/15	0/2/06	0/1/59	0/1/52	0/1/45	0/1/40	0/1/34	0/1/29	0/1/25	0/1/20
	0.050	12.5	0/1/12	0/1/07	0/1/03	0/0/59	0/0/56	0/0/53	0/0/50	0/0/47	0/0/44	0/0/42	0/0/40
	0.010	10.0	0/25/07	0/22/30	0/21/05	0/19/47	0/18/39	0/17/33	0/16/35	0/15/39	0/14/50	0/14/06	0/13/24
	0.005	10.0	0/36/27	1/29/59	1/24/21	1/19/08	1/14/34	1/10/12	1/06/21	1/02/38	0/59/19	0/56/24	0/53/34
2.70	0.050	25.0	0/2/20	0/2/11	0/2/03	0/1/55	0/1/49	0/1/42	0/1/36	0/1/31	0/1/21	0/1/22	0/1/18
	0.050	12.5	0/1/10	0/1/05	0/1/01	0/0/58	0/0/54	0/0/51	0/0/48	0/0/45	0/0/43	0/0/41	0/0/39
	0.010	10.0	0/23/24	0/21/50	0/20/28	0/19/13	0/18/06	0/17/02	0/16/06	0/15/12	0/14/23	0/13/41	0/13/00
	0.005	10.0	0/33/38	1/27/21	1/21/54	1/16/50	1/12/24	1/08/10	1/04/24	1/00/47	0/57/34	0/54/44	0/52/00
2.75	0.050	25.0	0/2/16	0/2/07	0/1/59	0/1/52	0/1/45	0/1/39	0/1/34	0/1/28	0/1/24	0/1/21	0/1/16
	0.050	12.5	0/1/08	0/1/04	0/1/00	0/0/56	0/0/53	0/0/50	0/0/47	0/0/44	0/0/42	0/0/40	0/0/38
	0.010	10.0	0/22/44	0/21/13	0/19/53	0/18/40	0/17/35	0/16/33	0/15/38	0/14/46	0/13/59	0/13/26	0/12/37
	0.005	10.0	0/30/55	1/24/52	1/19/33	1/14/38	1/10/19	1/06/13	1/02/34	0/59/04	0/55/56	0/53/48	0/50/31
2.80	0.050	25.0	0/2/13	0/2/04	0/1/56	0/1/49	0/1/42	0/1/36	0/1/31	0/1/26	0/1/21	0/1/17	0/1/14
	0.050	12.5	0/1/06	0/1/02	0/0/58	0/0/54	0/0/51	0/0/48	0/0/46	0/0/43	0/0/41	0/0/39	0/0/37
	0.010	10.0	0/22/06	0/20/38	0/19/20	0/18/09	0/17/05	0/16/06	0/15/12	0/14/21	0/13/35	0/12/55	0/12/17
	0.005	10.0	0/28/25	1/22/30	1/17/20	1/12/33	1/08/22	1/04/22	1/00/50	0/57/25	0/54/21	0/51/42	0/49/07

三、试验记录

移液管法颗粒分析试验记录见表 7-7。

四、成果整理

(1)小于某粒径的试样质量占试样总质量百分比，可按式(7-14)计算：

$$X = \frac{m_x V_x}{V'_x m_d} \times 100\% \tag{7-14}$$

式中　V_x ——悬液总体积，$V_x = 1\ 000$ mL；

V'_x——吸取悬液的体积，$V'_x = 25$ mL；

m_x——吸取 25 mL 悬液中的试样干土质量，g；

m_d——悬液总体积中的试样干土质量，g。

表 7-7　颗粒大小分析试验记录(移液管法)

工程名称________	试验者________
土样编号________	计算者________
试验日期________	校核者________
<2 mm 颗粒土质量百分数________%	三角烧瓶号________
<0.075 mm 颗粒土质量百分数________%	烧杯号________
试样土质量 m_d =________	量筒号________
土样比重________	吸管体积________mL

粒径(mm)	杯号	杯加土质量(g)	杯质量(g)	吸管内悬液质量(g)	1 000 mL 量筒内土质量(g)	小于某粒径土质量百分数(%)	小于某粒径土占总土质量百分数(%)
(1)	(2)	(3)	(4)	(5) = (3) - (4)	(6)	(7)	(8)
<0.05							
<0.01							
<0.005							
<0.001							

(2)绘图。以小于某粒径的试样质量占试样总质量的百分比为纵坐标，以颗粒粒径的对数为横坐标，在单对数坐标上绘制颗粒大小分布曲线，见图 7-1。

当移液管法和筛析法联合分析时，应考虑到粒径小于 0.075 mm 的试样质量占试样总质量的百分比，即应将式(7-14)所得的计算结果乘以粒径小于 0.075 mm 的试样质量占试样总质量的百分数，然后分别绘制移液管法和筛析法所得的颗粒大小分布曲线，再将两段曲线连成一条平滑的曲线。

思考题

7-1　何谓土的颗粒级配？级配良好的土应满足什么条件？

7-2　筛析法试验试样总质量与留筛土质量不吻合时如何处理？

7-3　密度计在使用前应对哪些因素进行校正？

7-4　筛析法、密度计法及移液管法的适用范围分别是什么？

第八章　土的渗透试验

【教学重点及要求】

1. 了解土的渗透性、达西定律、土的渗透系数的概念及应用。
2. 了解土的渗透系数的各种试验方法、目的、适用范围及试验步骤。
3. 熟练掌握土的渗透系数试验操作步骤及注意事项。
4. 掌握各种试验方法记录及资料整理。
5. 了解土的渗透系数在工程中的应用。

第一节　概　述

渗透系数是衡量土体渗透性强弱的一个重要力学性质指标，也是渗透计算时用到的一个基本参数。由于自然界中土的沉积条件复杂，渗透系数值相差很大，因此渗透系数难以用理论计算求得，只能通过试验直接测定。渗透系数的测定方法分为室内渗透试验和现场渗透试验两大类。现场渗透试验可采用试坑注水法（测定非饱和土的渗透系数）或抽水试验法（测定饱和土的渗透系数）。室内与现场渗透试验的基本原理相同，均以达西定律为依据。

室内渗透试验的方法较多，可分为常水头法（适用于透水性较强的粗粒土）、变水头法（适用于透水性较弱的细粒土）、加荷式渗透法（适用于透水性很小的黏性土）。

第二节　试验方法

目前，测定土的渗透系数主要有常水头渗透试验和变水头渗透试验，其中变水头渗透试验包括南55型试验法和加荷式渗透法。

一、常水头渗透试验

常水头渗透试验是指通过土样的渗流在恒水头差作用下进行的渗透试验，适用于粗粒土渗透系数的测定。

（一）仪器设备

（1）常水头渗透仪。70型渗透仪（基姆式渗仪）如图8-1所示，主要构件包括：①封底金属圆筒（高40 cm，直径10 cm）；②金属网格（放在距筒底5～10 cm处）；③测压孔三个，其中心距为10 cm，与筒壁连接处装有筛布；④玻璃测压管（玻璃管内径0.6 cm左右，用橡皮管和测压孔相连接，固定于一直立木板上，旁有毫米尺，作测记水头之用，三管的零点应齐平）。

（2）天平：称量5 000 g，分度值0.01 g。

(3)容积 5 000 mL 的供水瓶。

(4)容量 500 mL 的量杯。

(5)刻度 0 ~50 ℃的温度计,分度值 0.5 ℃

(6)秒表。

(7)其他:橡皮管、管夹、支架、木锤等。

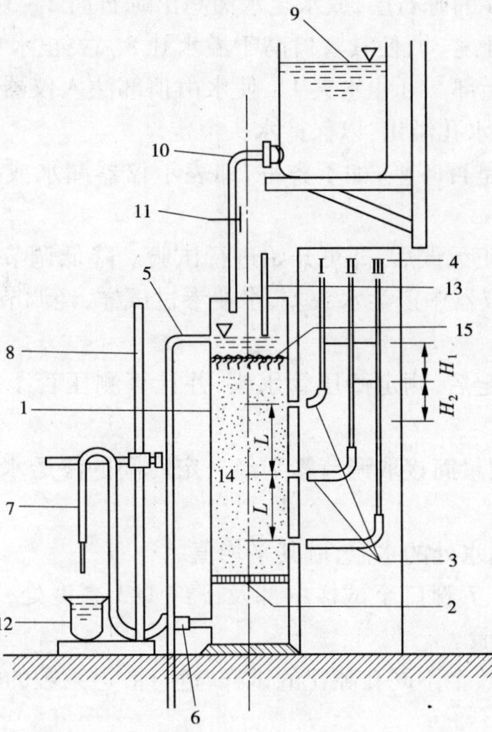

1—封底金属圆筒;2—金属孔板;3—测压孔;4—玻璃测压管;5—溢水孔;
6—渗水孔;7—调节管;8—滑动支架;9—容量为 5 000 mL 的供水瓶;10—供水管;
11—止水夹;12—容量为 500 mL 的量筒;13—温度计;14—试样;15—砾石层

图 8-1 常水头渗透试验装置(70 型)

(二)操作步骤

(1)将仪器按图 8-1 装置好后,检查各管路接头处是否漏水,将调节管 7 与供水瓶 9 连通,使水流入仪器底部,直至与网格顶面齐为止,然后关止水夹 11。

(2)称取具有代表性的风干试样 3 ~4 kg,精确至 1 g,并测定试样的风干含水率。将风干试样分层装入金属圆筒的网格上,每层厚 2 ~3 cm,用木锤轻轻捣实,使其达到一定厚度,以控制其孔隙比。

若试样中黏土颗粒较多,装试样前,应在网格上加铺厚约 2 cm 的粗砂,作为缓冲层(以防细颗粒被水冲走),并量出缓冲层厚度。

(3)每层试样装好后,连接供水管和调节管,并由调节管中进水,缓缓开启止水夹 11,使水由仪器底部向上渗入,并使试样逐渐饱和,水流须缓慢,以免冲动土样,当水面与试样顶面齐平时,关上止水夹 11。同时,注意测压管中水面情况及管子弯曲部分有无气泡。

在管子弯曲部分如有气泡，须挤压连接测压孔及测压管的橡皮管，并用橡皮吸球在测压管上部接连抽吸，以除去管中空气。

(4)继续分层装试样并饱和，直至试样高出上测压孔3~4 cm为止，同时检查3根测压管的水头是否齐平。量测试样面至筒顶的剩余高度，并与网格(或缓冲层顶面)至筒顶的高度相减，可得试样高度 h。称剩余试样的质量，精确至0.1 g，计算所装试样总质量，并在试样上部填厚约2 cm的砾石层，放水至水面高出砾石面2~3 cm时关止水夹11。

(5)将调节管在支架上移动，使其管口高于溢水孔5。关止水夹11，并将供水瓶9与调节管7分开，置于圆筒上部。开止水夹11，使水由顶部注入仪器，至水面与溢水孔5齐平为止。多余的水则由溢水孔溢出，以保持水头恒定。

(6)检查测压管水头是否齐平，如不齐平，即表示仪器漏水或有集气现象，应立即检查校正。

(7)测压管及管路校正无误后，即可开始进行试验。降低调节管7的管口，使其位于试样上部1/3高度处，使仪器中产生水头差，水便渗过试样，经调节管流出，此时圆筒中水面保持不变。

(8)当测压管水头稳定后，测定测压管水头，并计算测压管Ⅰ、Ⅱ间的水头差及测压管Ⅱ、Ⅲ间的水头差。

(9)开动秒表，同时用量筒接取调节管7经一定时间的渗透水量，并重复一次。注意调节管口不可没入水中。

(10)测记进水处与出水处的水温，取其平均值。

(11)分别降低调节管7管口至试样中部及下部1/3高度处，以改变水力坡降，按步骤(7)~(10)重复进行试验。

(12)根据需要，可装数个不同孔隙比的试样，进行渗透系数的测定。

(三)试验记录

常水头渗透试验记录见表8-1。

(四)成果整理

(1)按式(8-1)~式(8-3)计算试样的干密度及孔隙比：

$$m_d = \frac{m}{1 + 0.01\omega} \tag{8-1}$$

$$\rho_d = \frac{m_d}{Ah} \tag{8-2}$$

$$e = \frac{G_s\rho_w}{\rho_d} - 1 \tag{8-3}$$

式中 m——风干试样总质量，g；

ω——风干含水率(%)；

m_d——试样干质量，g；

ρ_d——试样干密度，g/cm^3；

h——试样高度，cm；

A——试样断面面积，cm^2；

e——试样孔隙比；

G_s——土粒比重。

表 8-1 常水头渗透试验记录(70 型渗透仪)

工程名称________ 试样高度________ 干土质量________ 试验者________

土样编号________ 试样面积________ 土粒比重________ 计算者________

仪器编号________ 试样说明________ 测压孔间距 10 cm 试验日期________

试验次数	经过时间 t(s)	测压管水位(cm)			水位差(cm)			水力坡降 J	渗透水量 Q (cm^3)	渗透系数 K_T (cm/s)	平均水温 (℃)	校正系数 $\frac{\eta_T}{\eta_{20}}$	水温 20 ℃渗透系数 K_{20} (cm/s)	平均渗透系数 $\overline{K}_{20}$ (cm/s)	备注
		Ⅰ管	Ⅱ管	Ⅲ管	H_1	H_2	平均 H								
	(1)	(2)	(3)	(4)	(5)	(6)	(7)	(8)	(9)	(10)	(11)	(12)	(13)	(14)	
					(2)-(3)	(3)-(4)	$\frac{(5)+(6)}{2}$	0.1×(7)		$\frac{(9)}{A\times(8)\times(1)}$			(10)×(12)	$\frac{\sum(13)}{n}$	

(2)按式(8-4)计算常水头渗透系数：

$$K_T = \frac{QL}{AHt} \tag{8-4}$$

式中 K_T——水温 T ℃时试样的渗透系数，cm/s；

Q——时间 t s 时的渗透水量，cm^3；

L——两测压孔中心间的试样长度，$L=10$ cm；

A——试样断面面积，cm^2；

H——平均水头差，cm；

t——时间，s。

(3)按式(8-5)计算水温为 20 ℃时的渗透系数：

$$K_{20} = K_T\frac{\eta_T}{\eta_{20}} \tag{8-5}$$

式中 K_{20}——水温 20 ℃时试样的渗透系数，cm/s；

K_T——水温 T ℃时试样的渗透系数，cm/s；

η_T——水温 T ℃时水的动力黏滞系数，kPa·s；

η_{20}——水温 20 ℃时水的动力黏滞系数，kPa·s。

比值 η_T/η_{20} 与温度的关系可由表 8-2 查得。

(4)在计算所得到的渗透系数中,取3~4个在允许范围内的数据,并求其平均值,作为试样在该孔隙比 e 下的渗透系数,渗透系数的允许值不大于 2×10^{-n}cm/s。

(5)当进行不同孔隙比下的渗透试验时,应以孔隙比为纵坐标,渗透系数的对数为横坐标,绘制孔隙比与渗透系数的关系曲线。

表8-2 水的动力黏滞系数、黏滞系数比、温度校正值

温度(℃)	动力黏滞系数 η_T ($\times10^{-6}$kPa·s)	$\frac{\eta_T}{\eta_{20}}$	温度校正值 T_p	温度(℃)	动力黏滞系数 η_T ($\times10^{-6}$ kPa·s)	$\frac{\eta_T}{\eta_{20}}$	温度校正值 T_p
5.0	1.516	1.501	1.17	17.5	1.074	1.066	1.66
5.5	1.498	1.478	1.19	18.0	1.061	1.050	1.68
6.0	1.470	1.455	1.21	18.5	1.048	1.038	1.70
6.5	1.449	1.435	1.23	19.0	1.035	1.025	1.72
7.0	1.428	1.414	1.25	19.5	1.022	1.012	1.74
7.5	1.407	1.393	1.27	20.0	1.010	1.000	1.76
8.0	1.387	1.373	1.28	20.5	0.998	0.988	1.78
8.5	1.367	1.353	1.30	21.0	0.986	0.976	1.80
9.0	1.347	1.334	1.32	21.5	0.974	0.964	1.83
9.5	1.328	1.315	1.34	22.0	0.968	0.958	1.85
10.0	1.310	1.297	1.36	22.5	0.952	0.943	1.87
10.5	1.292	1.279	1.38	23.0	0.941	0.932	1.89
11.0	1.274	1.261	1.40	24.0	0.919	0.910	1.94
11.5	1.256	1.243	1.42	25.0	0.899	0.890	1.98
12.0	1.239	1.227	1.44	26.0	0.879	0.870	2.03
12.5	1.223	1.211	1.46	27.0	0.859	0.850	2.07
13.0	1.206	1.194	1.48	28.0	0.841	0.833	2.12
13.5	1.188	1.176	1.50	29.0	0.823	0.815	2.16
14.0	1.175	1.168	1.52	30.0	0.806	0.798	2.21
14.5	1.160	1.148	1.54	31.0	0.789	0.781	2.25
15.0	1.144	1.133	1.56	32.0	0.773	0.765	2.30
15.5	1.130	1.119	1.58	33.0	0.757	0.750	2.34
16.0	1.115	1.104	1.60	34.0	0.742	0.735	2.39
16.5	1.101	1.090	1.62	35.0	0.727	0.720	2.43
17.0	1.088	1.077	1.64				

二、变水头渗透试验

变水头渗透试验是指通过土样的渗流在变化的水头压力作用下进行的渗透试验，适用于细粒土渗透系数的测定，常用南 55 型试验法。对于黏性土，渗透系数一般很小，在水头压力不大的情况下，通过土样的渗流十分缓慢且历时很长时，才可用增加渗透压力的加荷渗透法测定土的渗透系数，从而可以加快试验过程。

（一）南 55 型试验法

1. 仪器设备

南 55 型试验装置如图 8-2 所示，主要构件包括：

（1）渗透容器：由环刀、透水石、套管及上盖、下盖组成。

（2）水头装置：由变水头管、供水瓶、进水管等组成。变水头管的内径根据试样渗透系数选择不同尺寸，长度为 1.0 m 以上，分度值为 1.0 mm。

（3）容量 100 mL 的量桶，分度值为 1.0 mL。

（4）其他：切土器、秒表、温度计、削土刀、凡士林等。

2. 操作步骤

（1）将环刀在垂直或平行土样层面切取原状土试样或扰动土制备成给定密度的试样，并进行充分饱和。切土时，应尽量避免结构扰动，不得用削土刀反复涂抹试样表面，以免闭塞空隙。

（2）将容器套筒内壁涂一薄层凡士林，将盛有试样的环刀推入套筒，并压入止水垫圈。把挤出的多余的凡士林小心刮净。装好带有透水石的上下盖，并用螺丝拧紧，不得漏水漏气。

（3）把装好试样的渗透容器与水头装置连通。利用供水瓶中的水充满进水管，并注入渗透容器。开排气阀，将容器侧立，排除渗透容器底部的空气，直至溢出水中无气泡。关闭气阀，放平渗透容器。

（4）在一定水头作用下静置一段时间，待出水管口有水溢出时，再开始试验。

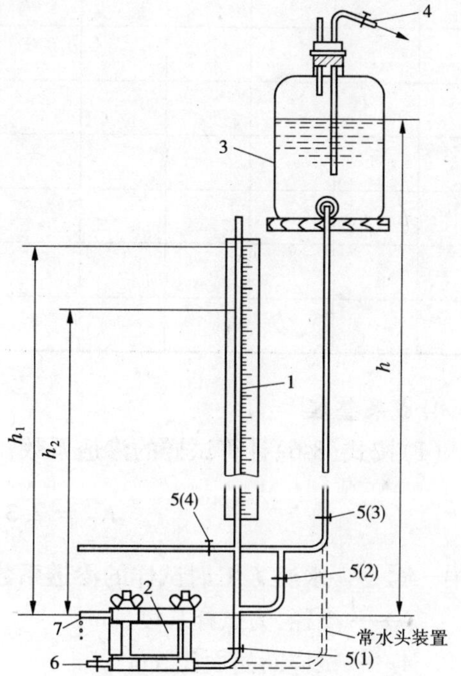

1—变水头管；2—渗透容器；3—供水瓶；
4—接水源管；5—进水管夹；6—排气管；7—出水管

图 8-2　变水头渗透试验装置（南 55 型）

（5）将水头管充水至需要高度后，关止水夹，开动秒表，同时测记起始水头 h_1。经过时间 t 后，再测记终了水头 h_2，并测记出水口的水温。如此连续测记 2 ~ 3 次后，使水头管水位回升至需要的高度，再连续测记 5 ~ 6 次。当不同次测定的渗透系数在允许差值范围内时（不大于 2×10^{-n} cm/s），试验终止。

3. 试验记录

变水头渗透试验记录见表8-3。

表8-3 变水头渗透试验记录(南55型渗透仪)

工程名称________ 试样说明________ 孔隙比________ 试验者________

土样编号________ 试样面积________ 测压管断面面积________ 计算者________

仪器编号________ 试样高度________ 试验日期________ 校核者________

开始时间 t_1(s)	终止时间 t_2(s)	经过时间 t(s)	开始水头 h_1 (cm)	终止水头 h_2 (cm)	$2.3\frac{a}{A}\frac{L}{t}$	$\lg\frac{h_1}{h_2}$	水温 T ℃时的渗透系数 K_T (cm/s)	水温(℃)	校正系数 $\frac{\eta_T}{\eta_{20}}$	渗透系数 K_{20} (cm/s)	平均渗透系数 $\overline{K}_{20}$ (cm/s)
(1)	(2)	(3)	(4)	(5)	(6)	(7)	(8)	(9)	(10)	(11)	(12)
		(2) - (1)			$2.3\frac{a}{A}\frac{L}{(3)}$	$\lg\frac{(4)}{(5)}$	(6)×(7)			(8)×(10)	$\frac{\sum(11)}{n}$

4. 成果整理

(1)按式(8-6)计算试样的渗透系数:

$$K_T = 2.3\frac{aL}{A(t_1 - t_2)}\lg\frac{h_1}{h_2} \tag{8-6}$$

式中 K_T——水温 T ℃时试样的渗透系数,cm/s;

L——渗径,为试样长度,cm;

A——试样断面面积,cm^2;

a——变水头管断面面积,cm^2;

h_1——开始时水头,cm;

h_2——终止时水头,cm;

t_1——起始时间,s;

t_2——终止时间,s;

2.3——ln和lg的换算系数。

(2)按式(8-7)计算水温为20 ℃时的渗透系数:

$$K_{20} = K_T \frac{\eta_T}{\eta_{20}} \tag{8-7}$$

式中符号意义同式(8-5)。

(二)加荷式渗透法

加荷式渗透法是指土样先在固结压力作用下进行固结,待土样固结稳定后再施加渗透压力的渗透试验方法,固结压力可按土体的自重应力或附加应力施加。加荷式渗透法可在不同的固结压力下测定土的渗透系数,也可在不同的孔隙比下测定土的渗透系数。渗透压力则根据土的渗透性能,即通过土样渗流的快慢来确定,如高塑性黏土的渗透系数很小,在水头差不大的情况下,其渗流十分缓慢或历时很长,但只要提高渗透压力,即提高水头差后,渗流就会加快。

加荷式渗透法在渗透试验过程中还可以测定土的起始水力坡降(即起始水头梯度)和水平向渗透系数。

1. 仪器设备

(1)气压式渗压仪,试样面积 30 cm^2,高度 2 cm 或 4 cm,最大固结压力达 1 200 kPa,最大渗透压力可达 200 kPa,即水头差可达 20 cm。

(2)空气压缩机。

(3)真空抽气机、真空抽气缸、土样饱和器。

(4)吸球、秒表、切土器、钢丝锯、切土刀等。

2. 操作步骤

(1)用环刀切取代表性的原状土或人工制备的扰动土,切土时,应边压边削,最好放在切土器上进行。

(2)需要饱和的土样,先将环刀土样置于饱和器内并放入真空抽气缸,在真空抽气机工作下使土样饱和。

(3)将渗压仪的渗压容器与渗流管路和渗流计量管连通,在预先设定的水头差下,让计量管的水流入渗压容器,使其整个管路及渗压容器内透水石得到充分排气饱和,然后关闭阀门(见图 8-3)。

(4)将装有饱和试样的环刀,刀口向上装入渗压容器内,注意在装入容器之前,土样两端应先贴上滤纸。

(5)分别在环刀外面套上 O 形止水圈,放上定向垫片,再旋上压紧螺丝,最后用专用扳手拧紧压紧螺丝,以避免环刀与容器底座间渗漏,同时在试样上端装上透水石和传压活塞。

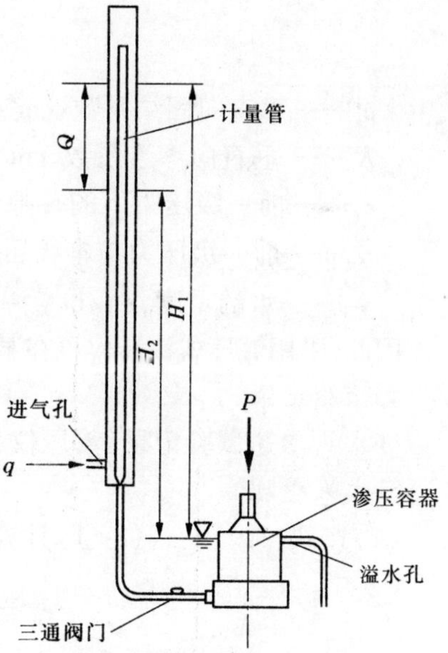

图 8-3 渗压仪原理示意图

(6)安装量测试样竖向固结位移的百分表,并测记百分表起始读数。

(7)根据试验要求施加预定的固结压力,固结压力由调压阀施加。

(8)在试样固结过程中,可根据需要测读时间与变形的关系,测读时间可按 6 s、15 s、

30 s、1 min、2 min 15 s、4 min、6 min 15 s、9 min、12 min 15 s、16 min、20 min 15 s、25 min、30 min 15 s、36 min、42 min 15 s、49 min、64 min、100 min、200 min、400 min、23 h、24 h，至试样固结稳定为止，或以$\sqrt{t}=0.5$ min 的增量测读变形，在 100 min 左右再按以上方式测读变形，待试样固结稳定后再进行渗透试验。

(9)记下试样固结稳定后的变形读数，施加 10 kPa 气压力为渗透压力，然后打开渗流阀门，观察其是否渗流。如果产生渗流，当即记下计量管的起始水头读数，同时开动秒表，当水头下降至某一读数时，记下水头读数及相应的渗流时间，按此重复两次以上即可；如果在 10 kPa 渗透压力下不产生明显的渗流，即可逐渐增大渗透压力，但渗透压力不得超过固结压力。

(10)根据测记的渗透时间及水头下降值，可计算出在该固结压力下或在该孔隙比下的渗透系数，如果需要在该土样上继续施加固结压力或在不同的孔隙比下测定渗透系数，则可按上述试验方法重复进行。

3. 有关说明

(1)为测定黏性土的垂直向渗透系数 K_v，环刀应竖直地对土样进行切土；而当需要测定黏性土的水平向渗透系数 K_h 时，环刀则应横向地对土样进行切土，但固结压力为 $\sigma_3=\sigma_1 K_0$。其中：K_0 为静止侧压力系数；σ_1 为与地面垂直的竖向应力，kPa；σ_3 为与地面平行的侧向应力，kPa。

(2)根据太沙基固结理论，固结系数与渗透系数存在着如下的关系：

$$c_v=\frac{K_v(1+e_1)}{\alpha_v\gamma_w} \tag{8-8}$$

式中 c_v——垂直向固结系数，cm^2/s；

K_v——垂直向渗透系数，cm/s；

e_1——前一级压力下的孔隙比；

α_v——前一级压力与本级压力区段下的压缩系数，MPa^{-1}；

γ_w——水的重度，kN/m^3。

因此，采用气压式渗压仪可在某一级压力下直接测定 K_v 和 c_v 及 K_h 和 c_h 之间的关系。

4. 试验记录

变水头渗透试验记录(渗压仪)见表 8-4。

5. 成果整理

(1)按式(8-9)~式(8-11)计算起始孔隙比 e_0 和各级压力下的孔隙比 e_i；

$$e_0=\frac{G_s(1+0.01\omega_0)\rho_w}{\rho_0}-1 \tag{8-9}$$

$$h_s=\frac{h_0}{1+e_0} \tag{8-10}$$

$$e_i=e_0-\frac{\sum\Delta h}{h_s} \tag{8-11}$$

表8-4　变水头渗透试验记录(渗压仪)

土样编号＿＿＿＿＿　试样高度 $L=$＿＿＿＿＿　试验者＿＿＿＿＿

仪器编号＿＿＿＿＿　试样面积 $A=$＿＿＿＿＿　计算者＿＿＿＿＿

试验日期＿＿＿＿＿　$2.3\ a\ /\ A=$＿＿＿＿＿　校核者＿＿＿＿＿

开始时间 t_1 (s)	终止时间 t_2 (s)	经过时间 t (s)	开始水头 h_1 (cm)	终止水头 h_2 (cm)	固结压力 σ (kPa)	渗透压力 q (kPa)	$2.3\frac{a}{A}\frac{L}{t}$	$\lg\frac{h_1+\frac{q}{\gamma_w}}{h_2+\frac{q}{\gamma_w}}$	水温 T ℃时渗透系数 K_T (cm/s)	水温(℃)	校正系数 $\frac{\eta_T}{\eta_{20}}$	渗透系数 K_{20} (cm/s)	平均渗透系数 $\overline{K}_{20}$ (cm/s)
(1)	(2)	(3)	(4)	(5)	(6)	(7)	(8)	(9)	(10)	(11)	(12)	(13)	(14)
		(2)－(1)					$2.3\frac{a}{A}\frac{L}{(3)}$	$\lg\frac{(4)+(7)\times10}{(5)+(7)\times19}$	(8)×(9)			(10)×(12)	

式中　e_0——起始孔隙比；

G_s——土粒比重；

ω_0——起始含水率(%)；

ρ_0——起始湿密度，g/cm^3；

h_s——颗粒(骨架)高度，mm；

h_0——土样起始高度，即环刀高度，mm；

e_i——各级压力下的孔隙比；

$\sum\Delta h$——各级压力下土样的累计变形量，mm。

(2)按式(8-12)计算渗透系数 K_v 或 K_h：

$$K_v(K_h)=2.3\frac{aL}{A(t_2-t_1)}\lg\frac{h_1+\frac{100q}{\gamma_w}}{h_2+\frac{100q}{\gamma_w}} \tag{8-12}$$

式中　K_v——垂直向渗透系数，cm/s；

K_h——水平向渗透系数(水平方向切土)，cm/s；

a——计量管平均断面面积，cm^2；

L——渗径，即等于土样厚度，cm；

A——试样断面面积，cm^2；

t_1——测读水头的起始时间，s；

t_2——测读水头的终止时间，s；

h_1——计量管起始水头高度，cm；

h_2——计量管水头下降终止高度,cm;

q——所施加的渗透压力,kPa;

γ_w——水的重度,kN/m³。

按式(8-13)和式(8-14)计算修正后的渗透系数:

$$K_{v20} = K_v \frac{\eta_T}{\eta_{20}} \tag{8-13}$$

$$K_{h20} = K_h \frac{\eta_T}{\eta_{20}} \tag{8-14}$$

式中 K_{v20}、K_{h20}——水温为20 ℃时土的垂直向和水平向渗透系数,cm/s;

η_T、η_{20}——水温分别为T ℃和20 ℃时水的动力黏滞系数,kPa,比值η_T/η_{20}与温度T的关系见表8-2。

按式(8-15)和式(8-16)计算渗流速度和水力坡降(水头梯度):

$$v = \frac{Q}{A} \tag{8-15}$$

$$I = \frac{H}{L} \tag{8-16}$$

式中 Q——渗流量,由渗压仪计量管读数查得,cm³;

v——渗流速度,cm/s;

A——渗流断面面积,cm²;

I——水力坡降(水头梯度),无因次;

H——水头高度或由渗透压力换算所得的水头高度,cm;

L——渗径长度,即等于土样厚度,cm。

思考题

8-1 渗透试验为什么要量测试验用水的温度?为什么要将T ℃时的渗透系数换算成20 ℃标准温度下渗透系数?

8-2 用环刀切取原状土试样或制备给定密度的扰动试样时,为什么禁止用切土刀反复涂抹试样表面?

8-3 做常水头渗透试验时,为什么要将试样分层装入仪器并且用木锤轻轻击实?

8-4 影响土的渗透系数的因素有哪些?

第九章　土的击实试验

【教学重点及要求】

1. 掌握击实试验的目的和试验方法。

2. 学会试验成果的整理。

3. 了解土的最大干密度和最优含水率在工程实际中的应用。

击实试验是用标准击实的方法，确定扰动土在一定的击实功能下干密度随含水率变化的关系曲线，从而求得土的最大干密度和最优含水率，为工程设计和施工提供必要的参数。掌握击实试验的操作步骤及成果整理，对工程有现实意义。

第一节　试验目的和适用范围

本试验的目的是在标准击实方法下测定土的密度与含水率的关系，从而确定土的最大干密度和最优含水率，为工程设计和现场施工提供资料，作为控制路堤、土坝或填土地基等密实度的重要指标。

击实试验分轻型和重型两种，轻型击实试验适用于粒径小于5 mm的黏性土，其单位体积击实功能为592.2 kJ/m^3；重型击实试验适用于粒径小于20 mm的土，其单位体积击实功能为2 684.9 kJ/m^3。

第二节　试验方法

一、仪器设备

(1)击实仪。由击实筒、击锤和护筒组成，其尺寸应符合表9-1的规定。击实仪的击锤应配导筒，击锤与导筒间应有足够的间隙，使锤能自由下落。电动操作的击锤必须有控制落距的跟踪装置和锤击点按一定角度(轻型53.5°，重型45°)均匀分布的装置。

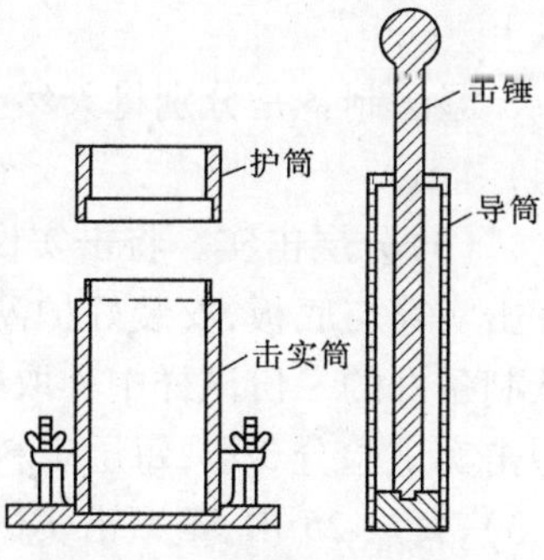

图9-1　击实仪示意图

(2)天平：称量200 g，分度值0.1 g。

(3)台称：称量10 kg，分度值5 g。

(4)标准筛：孔径为20 mm圆孔筛和5 mm标准筛。

(5)其他：烘箱、喷水设备、碾土器、盛土器、推土器(宜用螺旋式或液压式千斤顶，如无此装置，也可用刮刀和修土刀从击实筒中取出试样)、修土刀和保湿设备等。

二、操作步骤

(1)试样制备。试样制备分为干法制备和湿法制备两种。干法制备是取代表性风干土样(轻型约 20 kg,重型约 50 kg),放在橡皮板上用木碾或碾土器碾散,轻型击实试验过 5 mm 筛,重型击实试验过 20 mm 筛,将筛下土样拌匀,并测定土样的风干含水率;湿法制备是取天然含水率的代表性土样(轻型 20 kg,重型 50 kg),按轻型和重型击实要求碾散过筛,将筛下土样拌匀。

表 9-1　击实仪主要部件尺寸规格

试验方法	锤底直径(cm)	锤质量(kg)	落高(mm)	击实筒			护筒高度(mm)
				内径(mm)	筒高(mm)	容积(cm^3)	
轻型	51	2.5	305	102	116	947.4	≥50
重型	51	4.5	457	152	116	2 103.9	≥50

(2)加水拌和。干法制备根据土的塑限预估最优含水率,按依次相差 2% 的含水率制备一组试样(不少于 5 个),轻型击实试验其中有 2 个含水率大于塑限,2 个小于塑限,1 个接近塑限,重型击实试验至少有 3 个含水率小于塑限。所需加水量按下式计算:

$$m_w = \frac{m}{1 + 0.01\omega_0} \times 0.01(\omega - \omega_0) \tag{9-1}$$

式中　m_w ——土样所需加水质量,g;

m ——风干土样的质量,g;

ω ——土样所要求的含水率(%);

ω_0 ——风干土样的含水率(%)。

将一定量土样平铺于不吸水的盛土盘内(轻型取土样约 2.5 kg,重型取土样约 5.0 kg),用喷水设备向土样均匀喷洒所需的加水量,拌匀后装入塑料袋或盛土器内静置 12 h 以上。

湿法制备是分别将天然土样风干或加水到所要求的不同含水率(须使含水率分布均匀)。

(3)分层击实。将击实仪放在坚实地面上,击实筒内壁和底板涂一薄层润滑油,连接好击实筒与底板,安装好护筒,检查仪器各部件及配套设备的性能是否正常,并做好记录;从制备好的一份试样中称取一定量土料,分层倒入击实筒内并将土面整平,分层击实。轻型击实试验分 3 层,每层土料质量 600 ~ 800 g(其量应使击实后试样的高度略高于击实筒 1/3),每层 25 击;重型击实试验分 5 层,每层土料质量宜为 900 ~ 1 100 g,每层 56 击。如为手工击实,应保证使击锤自由铅直下落,锤击点必须均匀分布于土面上;如为机械击实,或将定数器拨到所需的击数处,按动电钮进行击实。击实后,每层试样的高度应大致相等,两层交接面的土面应刨毛。击实完成后,超出击实筒顶的试样高度应小于 6 mm。

(4)修平称量。用修土刀沿护筒内壁削挖后,扭动并取下护筒,测出超高(取多个测值平均,准确至 0.1 mm);齐筒顶细心削平试样,拆除底板(如试样底面超出筒外亦应修平)，擦净筒外壁称量，准确至 1 g。

(5)测含水率。用推土器推出筒内试样，从试样中心处取 2 个一定量土料(轻型为 15 ~ 30 g，重型为 50 ~ 100 g)平行测定土的含水率，称量准确至 0.01 g，含水率平行误差不得超过 1%。

按步骤(3) ~ (5)对其他不同含水率的土样进行击实，一般不重复使用土样。

三、试验记录

击实试验记录见表 9-2。

表 9-2　击实试验记录

土样编号______　　土样类别______　　土 粒 比 重______　　每层击数______
试验仪器______　　仪器编号______　　风干含水率______　　试验日期______
校 核 者______　　试 验 者______　　计　算　者______

试验序号	干密度					含水率						
	筒加土质量(g)	筒质量(g)	湿土质量(g)	密度(g/cm^3)	干密度(g/cm^3)	盒号	盒加湿土质量(g)	盒加干土质量(g)	盒质量(g)	湿土质量(g)	干土质量(g)	含水率(%)	平均含水率(%)
	(1)	(2)	(3)	(4)	(5)		(6)	(7)	(8)	(9)	(10)	(11)	(12)
			(1) − (2)	$\frac{(3)}{V}$	$\frac{(4)}{1+0.01(12)}$					(6) − (8)	(7) − (8)	$\left[\frac{(9)}{(10)}-1\right]\times 100$	
最大干密度：　　g/cm^3						最优含水率：　　%							

四、成果整理

（一）计算试样干密度

试样干密度按下式计算：

$$\rho_d = \frac{\rho}{1 + 0.01\omega} \tag{9-2}$$

式中 ρ_d ——干密度，g/cm³；

ρ ——湿密度，g/cm³；

ω ——含水率（%）。

（二）计算土的饱和含水率

土的饱和含水率按下式计算：

$$\omega_{sat} = \left(\frac{\rho_w}{\rho_d} - \frac{1}{G_s}\right) \times 100\% \tag{9-3}$$

式中 ω_{sat} ——饱和含水率（%）；

ρ_w ——水的密度，g/cm³；

G_s ——土粒比重。

（三）绘制击实曲线和饱和曲线

以干密度 ρ_d 为纵坐标，含水率 ω 为横坐标，绘制干密度与含水率关系曲线，曲线上峰值占所对应的坐标分别为土的最大干密度和最优含水率，如曲线不能绘出准确峰值点，应进行补点试验。

计算数个干密度下土的饱和含水率，以干密度为纵坐标，饱和含水率为横坐标，绘制饱和曲线，如图 9-2 所示。

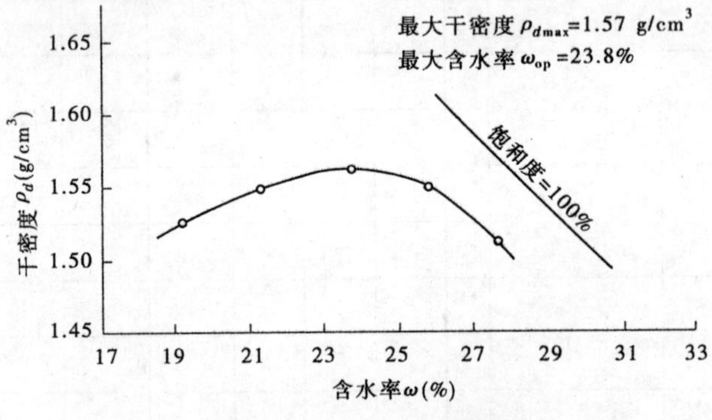

图 9-2 $\rho_d \sim \omega$ 关系曲线

思考题

9-1 击实试验的目的是什么？一种土的最优含水率和最大干密度是否是一个常数？

9-2 击实试验时击实仪为什么要放在坚实的地面上？击锤击土时为什么要自由铅直下落？

9-3 击实试验时为什么要分层？分层面为何要刨毛？

9-4 击实后余土超过击实筒太多时，你认为会对击实效果产生什么影响？

9-5 击实曲线是否与饱和曲线相交？为什么？

第十章　土的固结试验

【教学重点及要求】

1. 了解土体的固结过程。
2. 熟悉固结试验的目的和适用范围。
3. 掌握标准固结试验的步骤及成果整理。

第一节　试验目的和适用范围

固结试验是土的重要力学试验之一，它是测定试样在侧限与轴向排水条件下的变形和压力的关系，或孔隙比和压力的关系、变形与时间的关系，以计算土的压缩系数 a_v、压缩指数 C_c、压缩模量 E_s 及原状土先期固结压力 p_c 等，测定项目视工程需要而定。通过这些指标可以判断土体的压缩性、计算土工建筑物和地基的沉降量及沉降过程等。

本节适用于饱和的黏质土，当只进行压缩试验时，允许用于非饱和土。

第二节　试验方法

一、标准固结试验

标准固结试验是在侧限条件下，对试样施加垂直压力，测量试样的变形量，从而获得土的压缩指标的试验方法。

（一）仪器设备

（1）固结仪：由环刀、护环、透水板、加压上盖和量表架等组成，如图 10-1 所示。

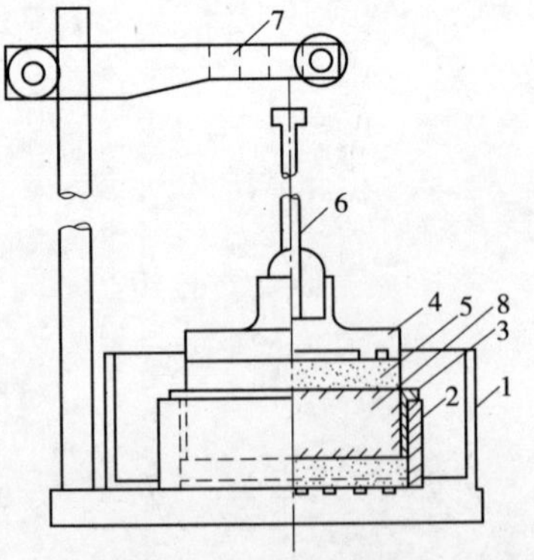

1—槽；2—护环；3—环刀；4—加压上盖；5—透水板；6—量表导杆；7—量表架；8—试样

图 10-1　固结容器示意图

(2)加压设备:可采用量程为 5 ~ 10 kN 的杠杆式、磅秤式或其他加压设备。

(3)变形测量设备:百分表量程 10 mm,分度值 0.01 mm,或准确度为全量程 0.2% 的位移传感器。

(4)其他:削土刀、钢丝锯、天平、秒表等。

(二)操作步骤

(1)试样制备。根据工程需要,切取原状土试样或制备成给定密度与含水率的扰动土试样。如系冲填土,先将土样调成液限或 1.2 ~ 1.3 倍液限的土膏,拌和均匀,在保湿器内静置,然后把环刀倒置于小玻璃板上,用调土刀把土膏填入环刀,排除气泡刮平后称量;切取原状土样时,环刀内壁涂一薄层凡士林,将环刀放在土样上垂直下压,至土样凸出环刀为止,然后将其两端刮平,擦净环刀外壁称环刀加土总质量,计算试样的密度,并取环刀两侧余土测含水率和土粒比重,需要时对试样进行饱和。

(2)试样安放。在固结仪容器内放置护环、透水板和薄滤纸,将带有试样的环刀,刀口向下小心装入护环,然后在试样上放薄滤纸、透水板和压盖板(如试样为饱和土,上、下透水板应事先浸水饱和;对于非饱和土,透水板的湿度应与试样湿度接近),置于加压框架下,对准加压框架的正中;安装量表,使量测距离不小于 8 mm,施加 1 kPa 的预压压力,保证试样与仪器上下各部件之间接触良好,然后调整量表,使指针读数为零。

(3)试样加荷。确定需要施加的各级压力,加压等级一般为 12.5 kPa、25.0 kPa、50.0 kPa、100 kPa、200 kPa、400 kPa、800 kPa、1 600 kPa、3 200 kPa,最后一级的压力应比试样上覆土层的计算压力大 100 ~ 200 kPa。需要确定原状土的先期固结压力时,加压率宜小于 1,可采用 0.5 或 0.25,最后一级压力应使 $e \sim \lg p$ 曲线下段出现较长的直线段。第一级压力的大小视土的软硬程度分别采用 12.5 kPa、25.0 kPa 或 50.0 kPa(第 1 级施加压力应减去预压压力);如系饱和试样,则在施加第 1 级压力后,立即向水槽中注水至满;如系非饱和试样,须用湿棉围住压盖板四周,避免水分蒸发。

(4)测记量表。固结稳定标准规定,每级压力下压缩 24 h,测记固结稳定量表读数后,施加第二级压力,依次逐级加压至试验结束;需测定沉降速率时,加压后按下列时间顺序测记量表读数:0.10 min、0.25 min、1.00 min、2.25 min、4.00 min、6.25 min、9.00 min、12.25 min、16.00 min、20.25 min、25.00 min、30.25 min、36.00 min、42.25 min、49.00 min、64.00 min、100.00 min、200.00 min 和 400.00 min 及 23 h 和 24 h 至稳定为止;需要作回弹试验时,可在某级压力(大于上覆压力)下固结稳定后卸压,直至卸至第 1 级压力,每次卸压后的回弹稳定标准与加压相同,并测记每级压力及最后一级压力时的回弹量。

(5)测含水率。试验结束后,迅速拆除仪器各部件,取出带环刀的试样,饱和试样则用干滤纸吸去试样两端表面上的水,取出试样,测定试验后的含水率。

(三)试验记录

标准固结试验记录见表 10-1 和表 10-2。

表 10-1　标准固结试验记录

工程名称________________　试样面积________________　试验者________________

土样编号________________　试样高度________________　计算者________________

试验日期________________　初始孔隙比______________　校核者________________

经过时间（min）	压力（kPa）							
	50		100		200		400	
	日期	量表读数（0.01 mm）	日期	量表读数（0.01 mm）	日期	量表读数（0.01 mm）	日期	量表读数（0.01 mm）
0.00								
0.25								
1.00								
2.25								
4.00								
6.25								
9.00								
12.25								
16.00								
20.25								
25.00								
30.25								
36.00								
42.25								
60.00								
23 h								
24 h								
总变形量（mm）								
仪器变形量（mm）								
试样总变形量（mm）								

表 10-2　标准固结试验记录

加压历时（h）	压力 p_i（kPa）	量表读数（0.01 mm）	仪器总变形量 λ（0.01 mm）	试样总变形量 $\sum \Delta h_i$（mm）	孔隙比 e_i
	（1）	（2）	（3）	（4）=（2）-（3）	$e_i = e_0 - (1+e_0)\dfrac{\sum \Delta h_i}{h_0}$
0					
24					
24					
24					

含水率 ω_0 =________　密度 ρ_0 =________　比重 G_s =________　试样高 h_0 =________

初始孔隙比 e_0 =______　a_{1-2} =________　压缩模量 E_s =________

（四）成果整理

（1）计算试样的初始孔隙比：

$$e_0 = \frac{\rho_w G_s (1 + \omega_0)}{\rho_0} - 1 \tag{10-1}$$

式中　e_0——初始孔隙比；

G_s——土粒比重；

ρ_w——水的密度，g/cm^3；

ρ_0——试样的初始密度，g/cm^3；

ω_0——试样的初始含水率（%）。

（2）计算各级压力下固结稳定后的孔隙比：

$$e_i = e_0 - (1 + e_0)\frac{\sum \Delta h_i}{h_0} \tag{10-2}$$

式中　e_i——某级压力下的孔隙比；

e_0——初始孔隙比；

$\sum \Delta h_i$——某级压力下试样高度总变形量，mm；

h_0——试样初始高度，mm。

（3）计算某一压力范围内的压缩系数 a_v：

$$a_v = \frac{e_i - e_{i+1}}{p_{i+1} - p_i} \tag{10-3}$$

式中　a_v——某一压力范围内的压缩系数，kPa^{-1}或 MPa^{-1}；

p_i——某一压力值，kPa 或 MPa；

其余符号意义同前。

(4)计算压缩指数 C_c 及回弹指数 C_s：

$$C_c \text{ 或 } C_s = \frac{e_i - e_{i+1}}{\lg p_{i+1} - \lg p_i} \tag{10-4}$$

式中符号意义同前。

(5)计算某一压力范围内的压缩模量 E_s：

$$E_s = \frac{1 + e_0}{a_v} \tag{10-5}$$

式中 E_s——某一压力范围内的压缩模量，kPa 或 MPa；

其余符号意义同前。

(6)绘制压缩曲线。以孔隙比 e 为纵坐标，以压力 p 为横坐标，即可绘制压缩曲线，如图 10-2 所示。

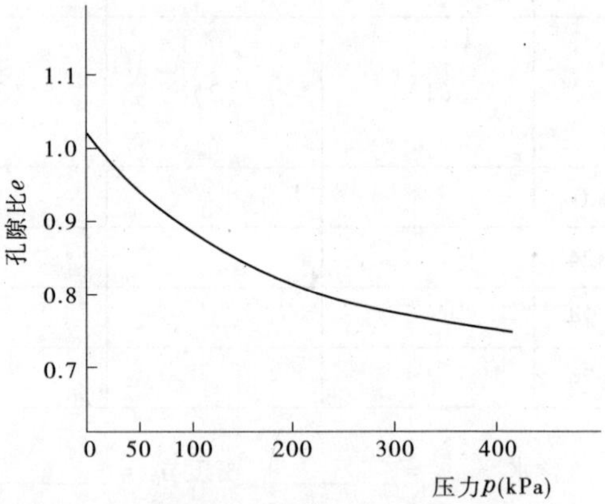

图 10-2 压缩曲线

二、快速固结试验

对于渗透性较大且沉降计算精度要求不高的细粒土，若不需要求固结系数，可采用快速固结试验方法。快速固结试验规定试样在各级压力下的固结时间为 1 h，仅在最后一级压力下，除测记 1 h 的量表读数外，还应测读达压缩稳定时的量表读数。稳定标准为量表读数每小时变化不大于 0.005 mm。

(一)仪器设备

同标准固结试验。

(二)操作步骤

(1)试样制备。切取原状土试样或制备成给定密度与含水率的扰动土试样。切取原状土样时，在环刀内壁涂一薄层凡士林，将环刀放在土样上垂直下压，至土样凸出环刀为止，然后将其两端刮平，擦净环刀外壁称环刀加土总质量，计算试样的密度，并取环刀两侧余土测含水率和土粒比重，需要时对试样进行饱和。

(2)试样安放。在固结仪容器内放置护环、透水板和薄滤纸，将带有试样的环刀刀口向下小心装入护环，然后在试样上放薄滤纸、透水板和压盖板(如试样为饱和土，上、下透水板应事先浸水饱和；对于非饱和土，透水板的湿度应与试样湿度接近)，置于加压框架下，对准加压框架的正中；安装量表，使量测距离不小于 8 mm，施加 1 kPa 的预压压力，保证试样与仪器上下各部件之间接触良好，然后调整量表，使指针读数为零。

(3)试样加荷。加压等级一般为 12.5 kPa、25.0 kPa、50.0 kPa、100 kPa、200 kPa、400 kPa、800 kPa、1 600 kPa、3 200 kPa，最后一级的压力应比试样上覆土层的计算压力大 100～200 kPa；第一级压力的大小视土的软硬程度分别采用 12.5 kPa、25.0 kPa 或 50.0 kPa(第 1 级施加压力应减去预压压力)；如系饱和试样，则在施加第 1 级压力后，立即向水槽中注水至满；如系非饱和试样，须用湿棉围住压盖板四周，避免水分蒸发。

(4)测记量表。测记试样在各级压力下固结时间为 1 h 的量表读数，仅在最后一级压力下，除测记 1 h 的量表读数外，还应测读达压缩稳定时的量表读数。稳定标准为量表读数每小时变化不大于 0.005 mm。

(5)测含水率。试验结束后，迅速拆除仪器各部件，取出带环刀的试样，饱和试样则用干滤纸吸去试样两端表面上的水，取出试样，测定试验后的含水率。

(三)试验记录

快速固结试验记录见表 10-3。

表 10-3 快速固结试验记录

工程名称＿＿＿＿＿＿ 土样编号＿＿＿＿＿＿ 试验日期＿＿＿＿＿＿

试 验 者＿＿＿＿＿＿ 计 算 者＿＿＿＿＿＿ 校 核 者＿＿＿＿＿＿

试样初始高度：h_0 = mm 校正系数：$K = (h_n)_T/(h_n)_t$

加压历时(h)	压力(kPa)	校正前试样总变形量(mm)	校正后试样总变形量(mm)	压缩后试样高度(mm)	孔隙比
	p_i	$(h_i)_t$	$\sum \Delta h_i = K(h_i)_t$	$h = h_0 - \sum \Delta h$	$e_i = e_0 - (1+e_0)\dfrac{\sum \Delta h_i}{h_0}$
1					
1					
1					
1					
1					
稳定					

(四)成果整理

同标准固结试验。

三、应变控制加荷固结试验

应变控制加荷固结试验是试样在侧限和轴向排水条件下，采用应变速率控制连续加荷确定试样的固结量和固结速率，以此来求土的压缩指标和判断土的压缩性。

(一)仪器设备

(1)固结仪。由刚性底座(具有连接测孔隙水压力装置的通孔)、护环、环刀、透水板、加压上盖等组成。

(2)轴向加荷设备。可采用螺旋杆式、液压式和气压式加荷装置，应能反馈、伺服跟踪连续加荷；轴向测力计采用负荷传感器等，测量装置要求具有相应的刚度，量程为 0 ~ 10 kN，准确度为全量程的 0.5%。

(3)孔隙水压力测量设备。采用压力传感器，量程 0 ~ 1 MPa，准确度为全量程的 0.5%，其体积因数应小于 1.5×10^{-5} cm^3/kPa。

(4)变形测量设备。采用位移传感器,量程 0 ~ 10 mm,准确度为全量程 0.2%。

(5)其他。切土器、刮土器、天平、秒表、烘箱、土样盒等。

(二)操作步骤

(1)制备试样。同标准固结试验。

(2)试样饱和。按标准固结试验中的方法测定试样的密度和含水率,并对试样饱和。

(3)固结加荷。将固结容器底部连接孔隙水压力传感器的阀门打开,用无气水排除底部滞留的气泡,并将透水板用无气水饱和,使水掩盖底部透水板,透水板上放上薄滤纸。

将装有试样的环刀放入护环内,装入固结容器,压入密封圈内。试样上放薄滤纸、透水板、上盖和加压盖板,用螺丝拧紧,使环刀和护环与底座密封。然后将固结仪放置到轴向加荷设备正中。在组装固结仪时,孔隙水压力测量系统不应带入气体。

装上位移传感器,并对试样施加 1 kPa 的设置压力,然后调整孔隙水压力和位移传感器的初始读数或零读数。选择适宜的应变速率,其标准应使在试验时的任何时间试样底部产生的孔隙水压力为施加垂直应力的 3% ~ 20%,应变速率按表 10-4 选择初步估计值,试验时若呈现的超孔隙水压力超出建议范围,可调整应变速率。

表 10-4　应变速率

液限 ω_L (%)	应变速率 ε (%/min)	液限 ω_L (%)	应变速率 ε (%/min)
0 ~ 40	0.04	80 ~ 100	0.001
40 ~ 60	0.01	100 ~ 120	0.000 4
60 ~ 80	0.004	120 ~ 140	0.000 1

接通控制系统、采集系统和加压设备的电源,预热 30 min,采集初始读数。在选择的常应变速率下,施加轴向荷载,使产生轴应变。数据采集的时间间隔,在历时前 10 min 内每隔 1 min,随后的 1 h 以内每隔 5 min,1 h 以后每隔 15 min 采集 1 次轴荷载、超孔隙水压力和变形值。连续加荷一直到预期应力或应变为止。当轴向荷载施加完成后,在轴向荷载不变或变形不变的条件下使孔隙水压力消散。

在试验时,若需获得次压缩数据,在所需轴向荷载时中断控制应变加荷,并保持该荷载不变条件下,按标准固结试验中规定的时间顺序记录变形值,一直延续至变形和对数时间关系曲线上呈现一次压缩部分线性特性阶段为止。若需进一步加荷,则在先前常应变速率条件下,恢复控制应变的轴向加荷。

当要求回弹或卸荷特性时,试样在等于加荷时的应变速度条件下卸荷。卸荷时关闭孔隙水压力测量系统,并按前规定的时间间隔记录轴向荷载和变形。回弹完成后,打开孔隙水压力测量系统,监测孔隙水压力,并允许其消散。

所有试验完成后,从固结仪中取出整个试样,称重、烘干,求得干密度及含水率。

(三)试验记录

应变控制加荷固结试验记录见表 10-5。

表 10-5　应变控制加荷固结试验记录

工程名称＿＿＿＿＿＿＿＿　土样编号＿＿＿＿＿＿＿＿　试验日期＿＿＿＿＿＿＿＿

试 验 者＿＿＿＿＿＿＿＿　计 算 者＿＿＿＿＿＿＿＿　校 核 者＿＿＿＿＿＿＿＿

试样初始高度 h_0 =＿＿＿ cm　试样面积 A =＿＿＿＿ cm^2　负荷传感器系数 α =＿＿＿

试样初始孔隙比 e_0 =＿＿＿＿　应变速率 =＿＿＿＿%/s　孔压传感器系数 β =＿＿＿＿

经过时间 t (min)	轴向变形 Δh (0.01 mm)	应变 (%)	t 时孔隙比 e_i	负荷传感器读数	轴向荷载 p(kN)	轴向压力 σ(MPa)	孔压传感器读数	底部孔隙水压力 u_b(MPa)	轴向有效压力 σ'(MPa)
(1)	(2)	(3)	(4)	(5)	(6)	(7)	(8)	(9)	(10)
		(2)/h_0	$e_0-(1-e_0)\times$(3)		(5)×α	(6)/A		(8)×β	(7)-(9)×2/3
0									
1									
2									
⋮									
10									
15									
20									
⋮									
60									
75									
⋮									
150									

(四)成果整理

(1)任意时刻试样的有效压力 σ_i'：

$$\sigma_i' = \sigma_i - \frac{2}{3}u_b \tag{10-6}$$

式中　σ_i'——任意时刻试样上的有效压力，kPa；

σ_i——任意时刻试样上施加的总压力，kPa；

u_b——任意时刻试样底部的孔隙水压力，kPa。

(2)其他指标计算同标准固结试验。

(3)绘 $e\sim\lg\sigma'$ 图。

以孔隙比 e 为纵坐标，以有效压力 σ' 为横坐标，在对数横坐标上绘制 $e\sim\lg\sigma'$ 的关系图。

思考题

10-1　土产生压缩变形的实质是什么？从试验过程及结果中可以看出土体压缩有哪些规律？

10-2　土样压缩稳定标准是什么？为什么可以进行快速压缩试验？

10-3　测量表安装有何要求？如何读数？

10-4　压缩系数和压缩模量的物理意义各是什么？有何区别和联系？

第十一章　土的直接剪切试验

【教学重点及要求】

1. 了解直接剪切试验的目的、适用范围。
2. 了解直接剪切试验的各种仪器并熟练操作。
3. 掌握直接剪切试验的操作步骤和注意事项。
4. 掌握直接剪切试验的记录及资料整理。
5. 掌握土的抗剪强度指标(即内摩擦角 φ 和黏聚力 C)在工程中的应用。

第一节　概　述

大量的土体破坏实例和试验研究证明,多数工程中土体的破坏形式是由于剪切面上的剪应力大于该面的抗剪切能力所导致的,所以土的强度由抗剪强度决定。土的抗剪强度是土在外力作用下,其中一部分土体相对另一部分土体滑动时所具有的抵抗剪切破坏的极限强度。通过直接剪切试验可以确定土的抗剪强度指标,即内摩擦角 φ 和黏聚力 C。土的抗剪强度指标是土堤、土坝、地基承载力、土坡稳定和挡土结构的土压力等计算中的重要指标。

第二节　试验方法

直接剪切试验是测定土的抗剪强度指标的一种常用方法。通常采用 4 个试样,分别在不同的垂直压力 p 下,施加水平剪切力进行剪切,求得破坏时的剪应力 τ。然后根据库仑定律确定土的抗剪强度指标:内摩擦角 φ 和黏聚力 C。

直接剪切试验分为快剪(Q)、固结快剪(CQ)和慢剪(S)三种试验方法。

一、快剪试验(Q)

快剪试验是在试样上施加垂直压力后立即快速施加水平剪切力。

二、固结快剪试验(CQ)

固结快剪试验是在试样上施加垂直压力,待排水固结稳定后,快速施加水平剪切力。

三、慢剪试验(S)

慢剪试验是在试样上施加垂直压力及水平剪切力的过程中,均应使试样排水固结。

四、仪器设备

(1)应变控制式直剪仪(见图 11-1):主要部件包括剪切盒(水槽、上剪切盒、下剪切盒)、垂直加压框架、测力计及推动机构等。

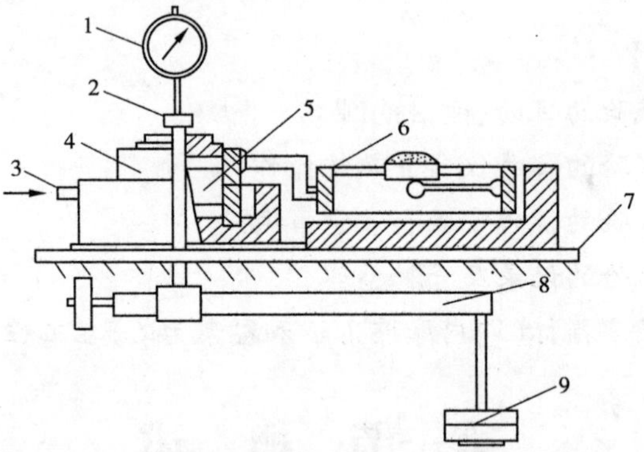

1—垂直变形百分表;2—垂直加压框架;3—推动座;4—剪切盒;

5—试样;6—测力计;7—台板;8—杠杆;9—砝码

图 11-1　应变控制式直剪仪结构示意图

(2)位移计(百分表):量程 5 ~ 10 mm,分度值 0. 01 mm。

(3)天平:量程 500 g,分度值 0. 1 g。

(4)环刀:内径 6. 18 cm,高 2 cm。

(5)其他:饱和器、削土刀(或钢丝锯)、秒表、滤纸、直尺等。

五、操作步骤

按工程需要,切取原状土试样或制备预定密度及含水率的扰动土试样,每组试验至少取 4 个试样。

(一)快剪试验(Q)

(1)对准上下盒,插入固定销。在下盒内放不透水板。将装有试样的环刀平口向下,对准剪切盒口,在试样顶面放不透水板,然后将试样徐徐推入剪切盒内,移去环刀。

(2)转动手轮,使上盒前端钢珠刚好与测力计接触。调整测力计读数为零。顺次加上加压盖板、钢珠、加压框架,安装垂直位移计,测记起始读数。

(3)施加压力:在四种不同垂直压力下剪切试样,一般采用使试样承受 100 kPa、200 kPa、300 kPa、400 kPa 的垂直压力,各垂直压力可一次轻轻施加,若土质松软,也可分次施加。

(4)施加垂直压力后,立即拨去固定销。开动秒表,以 0. 8 ~ 1. 2 mm/min 的速率剪切(每分钟 4 ~ 6 转的均匀速度旋转手轮),使试样在 3 ~ 5 min 内剪损。如测力计的读数达到稳定,或有显著后退,表示试样已剪损。但一般宜剪至剪切变形达到 4 mm。若测力计读数继续增加,则剪切变形应达到 6 mm。手轮每转一转,同时测记测力计读数并根据需要测记垂直位移计读数,直至剪损为止。

(5)剪切结束后,吸去剪切盒中积水,倒转手轮,尽快移去垂直压力、框架、钢珠、加压盖板等。取出试样,测定剪切面附近土的含水率。

(二)固结快剪试验(CQ)

(1)按本节快剪试验中步骤(1)和(2)进行试样安装和定位。但试样上下两面的不透水板改放湿滤纸和透水板。

(2)如系饱和试样,则在施加垂直压力5 min后,往剪切盒水槽内注满水;如系非饱和土,仅在活塞周围包以湿棉花,防止水分蒸发。

(3)在试样上施加规定的垂直压力后,测记垂直变形读数。如每小时垂直变形读数变化不超过0.005 mm,认为已达到固结稳定。

(4)试样达到固结稳定后,按本节快剪试验中步骤(4)和(5)进行剪切,剪切后取试样测定剪切面附近试样的含水率。

(三)慢剪试验(S)

(1)按本节快剪试验中步骤(1)和(2)进行试样安装和定位。按本节快剪试验中步骤(3)进行试样固结。待试样固结稳定后进行剪切。剪切速率应小于0.02 mm/min。也可按式(11-1)估算剪切破坏时间。

$$t_f = 50t_{50} \tag{11-1}$$

式中 t_f——达到破坏所经历的时间;

t_{50}——固结度达到50%的时间。

(2)剪损标准按本节快剪试验中步骤(4)的要求选取。

(3)剪切后按本节快剪试验中步骤(5)进行拆卸试样及测定含水率。

六、试验记录

直接剪切试验记录见表11-1。

表11-1 直接剪切试验记录

工程名称________ 试验者________

试验日期________ 计算者________

试验方法________ 校核者________

试样编号:________ 仪器编号:________

垂直压力:________kPa 剪切历时:________min

测力计率定系数:C = ______N/0.01 mm 抗剪强度:________kPa

手轮转数(转)	测力计读数(0.01 mm)	剪切位移(0.01 mm)	剪应力(kPa)	垂直位移(0.01 mm)
(1)	(2)	(3)=(1)×20−(2)	$(4)=\frac{(2)\times C}{A_0}\times 10$	
1				
2				
3				
4				
5				

续表 11-1

手轮转数 （转）	测力计读数 （0.01 mm）	剪切位移 （0.01 mm）	剪应力 （kPa）	垂直位移 （0.01 mm）
（1）	（2）	（3）=（1）×20－（2）	（4）$=\dfrac{(2)\times C}{A_0}\times 10$	
6				
7				
8				
9				
10				
11				
12				
13				
14				
15				
16				
⋮				
32				

七、成果整理

（1）按式（11-2）计算试样的剪应力：

$$\tau = CR/A_0 \times 10 \tag{11-2}$$

式中 τ——剪应力，kPa；

C——测力计率定系数，N/0.01 mm；

R——测力计读数，0.01 mm；

A_0——试样面积，cm^2；

10——单位换算系数。

（2）以剪应力为纵坐标，以剪切位移为横坐标，绘制剪应力 τ 与剪切位移 Δl 关系曲线，见图 11-2。

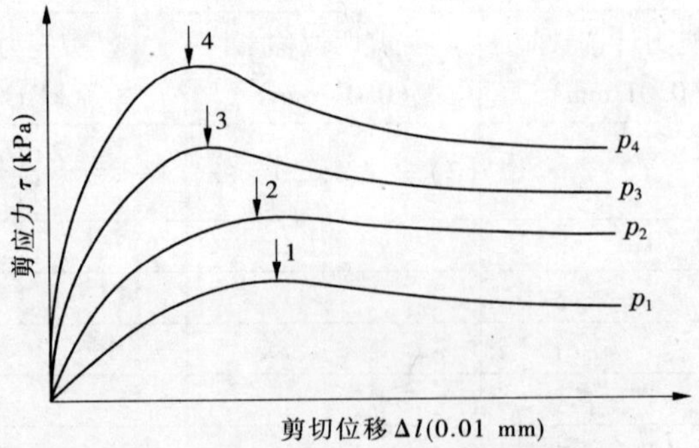

图 11-2 剪应力与剪切位移关系曲线

(3)选取剪应力 τ 与剪切位移 Δl 关系曲线上的峰值点或稳定值作为抗剪强度 S,如图 11-2 中曲线上的箭头所示。如无明显峰点,则取剪切位移 Δl 等于 4 mm 对应的剪应力作为抗剪强度 S,图 11-2 中 p_1、p_2、p_3、p_4 为相应的垂直压力。

(4)以抗剪强度 S 为纵坐标,以垂直压力 p 为横坐标,绘制抗剪强度 S 与垂直压力 p 的关系曲线(即库仑强度曲线),直线的倾角(与水平线的夹角)即为土的内摩擦角 φ,直线在纵坐标上的截距为土的黏聚力 C,如图 11-3 所示。

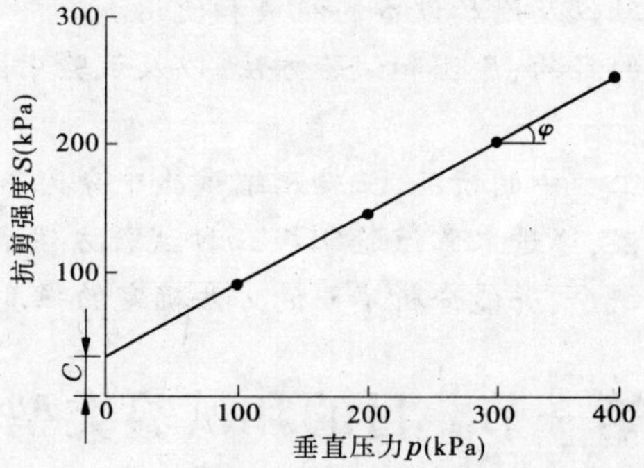

图 11-3　抗剪强度与垂直压力的关系曲线

思考题

11-1　何谓土的抗剪强度?

11-2　直接剪切试验的方法有哪几种?快和慢的实质含义是什么?

11-3　结合试验说明土的抗剪强度大小与哪些因素有关?

第十二章　三轴压缩试验

【教学目标及重点】

1. 了解应变控制式三轴仪及附属设备的组成和使用。

2. 理解三轴压缩试验的目的、原理和试验方法，以及试验中固结情况、剪切速率、排水条件等对试样的影响。

3. 为了近似模拟实际工程中的情况，三轴压缩试验中分为不固结不排水剪、固结不排水剪和固结排水剪三种方法，通过本章试验掌握三种试验方法成果的整理和表达方法及总应力法和有效应力法的概念，并能分析不同的方法确定的强度指标间的关系。

第一节　目的和试验类型

一、目的和意义

三轴压缩试验是以摩尔－库仑强度理论为依据设计的三轴向加压的剪力试验。通常采用3～4个圆柱形试样，分别在不同的恒定周围压力下，施加轴向压力进行剪切，直至试样破坏，据此可作出一组极限应力圆，通过公切线确定试样的抗剪强度指标。

三轴压缩试验可以在复杂应力情况下研究土的抗剪强度特性，还可以根据工程实际需要，严格控制试样中孔隙水的排水，并能较准确地测定土样在剪切过程中孔隙水压力的变化，从而可以定量地得到试样中有效应力的变化情况。同时，三轴压缩试验还可以模拟建筑物和建筑物地基的特点及根据设计施工的不同要求确定试验方法。因此，对于特殊建筑物、高层建筑、重型厂房、深层地基、道路桥梁等工程有着特别重要的意义。

二、试验类型及应用

三轴压缩试验通常有三种：即不固结不排水（UU），简称不排水剪；固结不排水剪（CU）；固结排水剪（CD），简称排水剪。与直剪试验一样，对同一种土样采用不同的排水条件与剪切方法，所得出的土的抗剪强度也是不同的。在测定土的抗剪强度指标时，应该紧密结合工程实际来选择试验方法，如施工期的长短与加荷速率、土的性质和排水条件，以及工程使用过程中的荷载变化情况与土样原来的固结程度等。

（1）不固结不排水剪试验（UU）：试样在整个试验过程中都不允许排水，即从开始加压直至试样剪坏都关闭排水阀门，使土样不能排水固结，土中的含水率始终保持不变，孔隙水压力也不可能消散，这样可以测得总应力抗剪强度指标 φ_u、C_u。

（2）固结不排水剪试验（CU）：试样在施加周围压力时，允许试样充分排水，待固结稳定后，再关闭排水阀门在不排水的条件下施加轴向压力，直至试样剪切破坏，同时在受剪过程中测定土体的孔隙水压力，这样可以测得总应力抗剪强度指标 φ_{cu}、C_{cu} 和有效应力抗

剪强度指标 φ'、C'。

(3)固结排水剪试验(CD):在试验全过程中,使试样在周围压力下充分排水固结,即使孔隙水压力完全消散,然后施加轴向压力直至破坏,同时在试验过程中测读排水量以计算试样体积变化,可以测得有效应力抗剪强度指标 φ_d、C_d。

由上述三种试验方法可知,即使在同一轴向压力作用下,由于试验时的排水条件不同,故作用在受剪面积上的有效法向应力也不同,所以测得的抗剪强度指标也不同。在一般情况下(正常固结土层),$\varphi_d > \varphi_{cu} > \varphi_u$;而 C_u、C_{cu}与 C_d 也会有所差别。

试验方法的具体选用应该紧密结合工程实际,考虑土体的受力情况、应力分布及排水条件等因素,选用合适的试验方法与抗剪强度指标。例如,当地基为不易排水的饱和软黏土,施工期又较短时,可选用不排水或快剪试验的抗剪强度指标;反之,当地基容易排水固结,如砂类土地基,而施工期又较长时,可选用固结排水剪或慢剪试验的强度指标;当建筑物完工后很久,荷载又突然增大时,如水闸完工后挡水的情况,可采用固结不排水剪或固结快剪试验的抗剪强度指标。又如总应力法分析土坝坝体的稳定时,施工期可采用不饱和快剪试验的强度指标,运用期间可采用饱和固结快剪试验的强度指标。当分析水库水位骤然下降的坝坡稳定时,也可采用饱和固结快剪的强度指标。

第二节 试验仪器

一、三轴仪

三轴仪依据施加轴向荷载方式的不同,可以分为应变控制式和应力控制式两种,目前室内三轴试验基本上采用的是应变控制式三轴仪。

应变控制式三轴仪由以下几个部分组成,见图 12-1。

(一)三轴压力室

压力室是三轴仪的主要组成,它是一个由金属上盖、底座及透明有机玻璃圆筒组成的密闭器,压力室底座通常有 3 个小孔分别与稳压系统及体积变形和孔隙水压力量测系统相连。

(二)轴向加荷系统

采用电动机带动多级变速的齿轮箱,或者采用可控硅调速,并通过传动系统使压力室自上而下移动,从而使试样承受轴向压力,其加荷速率可根据土样性质及试验方法确定。

(三)轴向压力量测系统

施加于试样上的轴向压力由测力计量测,测力计由线形和重复性较好的金属弹性体组成,测力计的受压变形由百分表或位移传感器测读,轴向压力也可由荷重传感器来测得。

(四)周围压力稳压系统

采用调压阀控制,调压阀控制到某一固定压力后,它将压力室的压力进行自动补偿而达到稳定的周围压力。

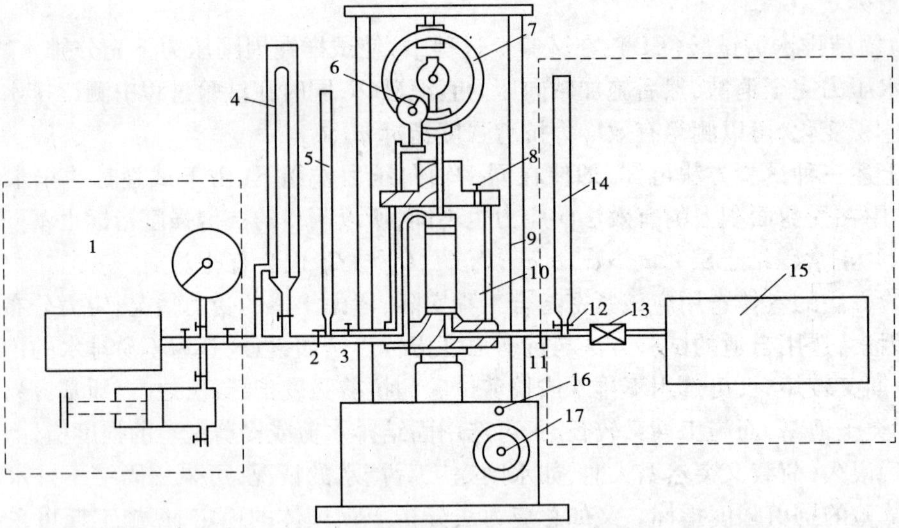

1—周围压力系统;2—周围压力阀;3—排水阀;4—体变管;5—排水管;
6—轴向位移表;7—测力计;8—排气孔;9—轴向加压设备;10—压力室;11—孔压阀;
12—量管阀;13—孔压传感器;14—量筒;15—孔压量测系统;16—离合器;17—手轮

图 12-1　应变控制式三轴仪

(五)孔隙水压力量测系统

孔隙水压力由孔压传感器测得。

(六)轴向变形量测系统

轴向变形由长距离百分表(0~30 mm 百分表)或位移传感器测得。

(七)反压力体变系统

反压力体变系统由体变管和反压力稳压控制系统组成,以模拟土体的实际应力状态或提高试件的饱和度及测量试件的体积变化。

二、附属设备

(1)击实筒,见图 12-2。

(2)饱和器,见图 12-3。

(3)切土盘,见图 12-4。

(4)切土器和切土架,见图 12-5。

(5)原状土分样器,见图 12-6。

(6)承膜筒,见图 12-7。

(7)制备砂样圆模,见图 12-8。

(8)天平:称量 200 g、最小分度值为 0.01 g,称量 1 000 g、最小分度值为 0.1 g,称量 5 000 g、最小分度值为 1 g。

(9)量表:量程 30 mm、分度值 0.01 mm。

(10)橡皮膜、透水石、滤纸、切土刀、钢丝锯、毛玻璃板、空气压缩机、真空抽气机等。

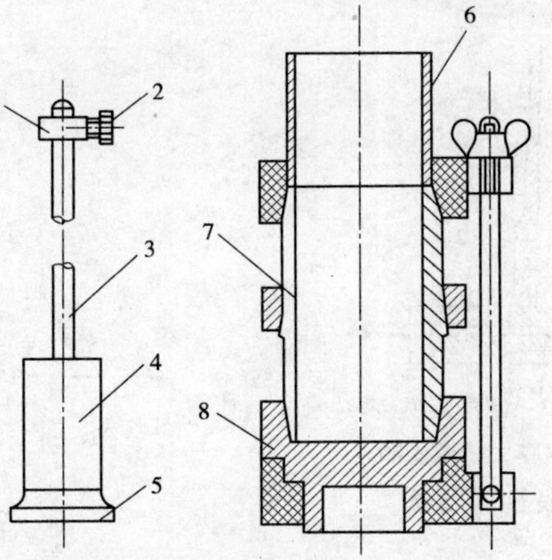

1—套环;2—定位螺丝;3—导杆;4—击锤;
5—底板;6—套筒;7—饱和器;8—底板

图 12-2　击实筒

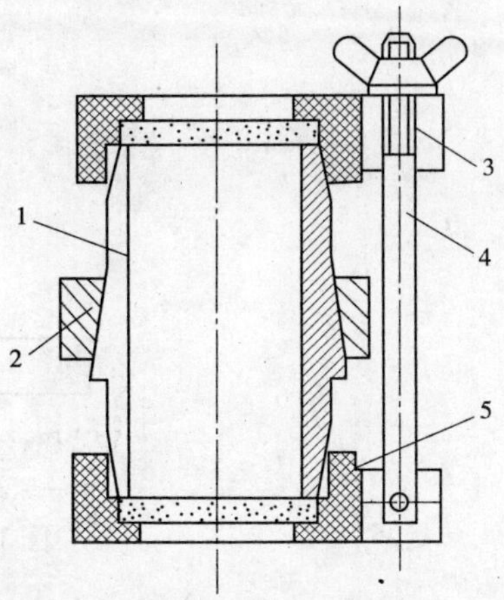

1—土样筒;2—紧箍;3—夹板;4—拉杆;5—透水板

图 12-3　饱和器

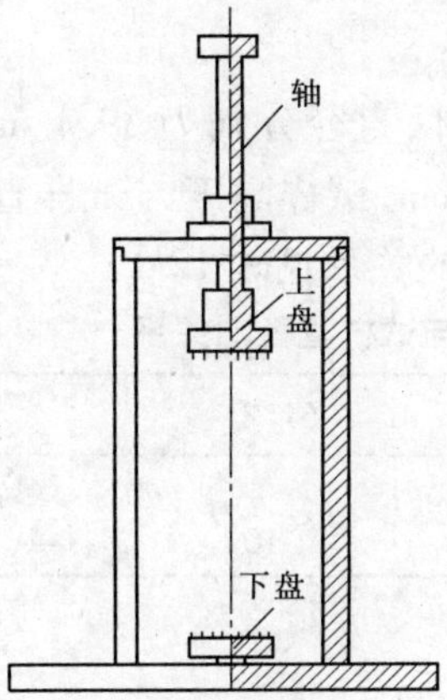

图 12 1　切土盘

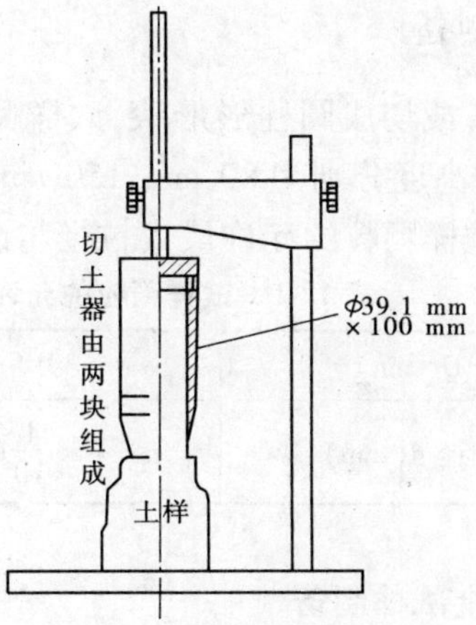

图 12-5　切土器和切土架

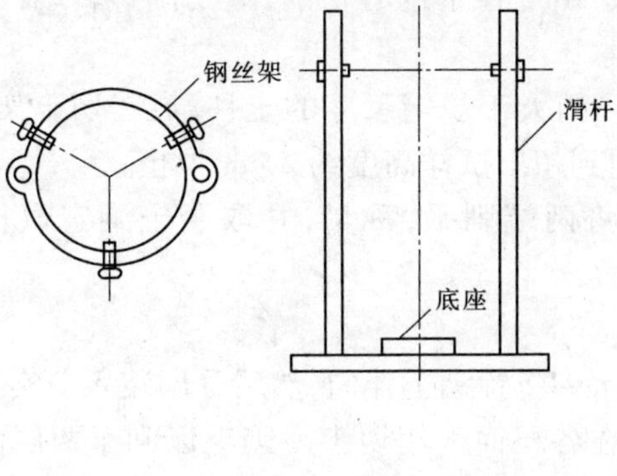

图 12-6　原状土分样器

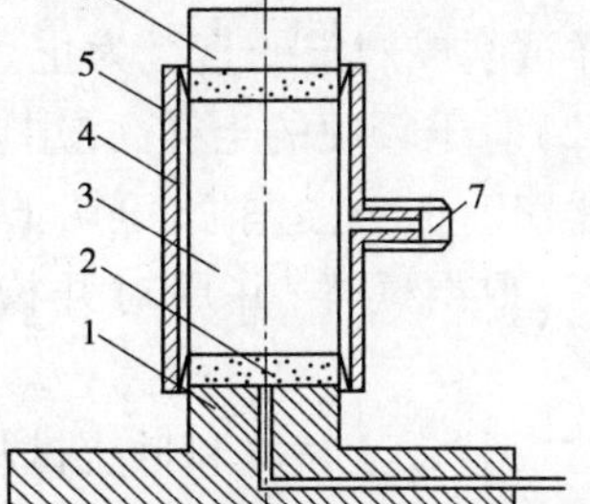

1—压力室底座;2—透水板;3—试样;4—承膜筒;
5—橡皮膜;6—上帽;7—吸气孔

图 12-7　承膜筒

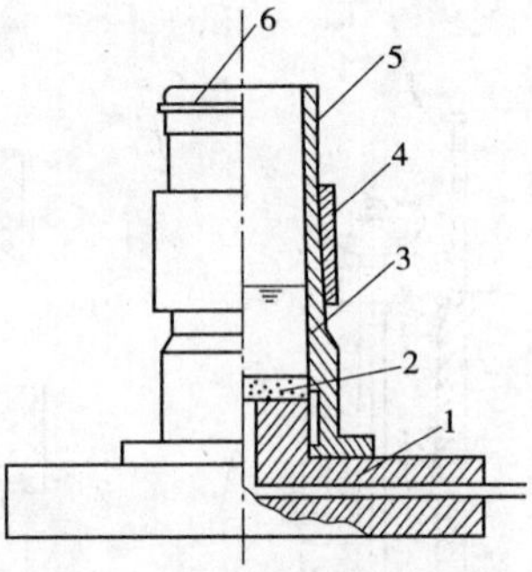

1—压力室底座;2—透水板;3—制样圆模(两片合成);
4—紧箍;5—橡皮膜;6—橡皮圈

图 12-8　制备砂样圆模

第三节　试样制备与饱和

一、试样制备

试样应制备或切成圆柱形形状,试样尺寸有 3 种,直径分别为 39. 1 mm、61. 8 mm 或 101 mm,相应的高度分别为 80 mm、150 mm 或 200 mm,试样高度与试样直径的关系一般为 2 ~ 2. 5 倍,试样颗粒的允许最大粒径与试样直径的关系见表 12-1。

表 12-1　试样颗粒的允许最大粒径与试样直径的关系

试样直径 D(mm)	39. 1	61. 8	101. 0
允许最大粒径 d(mm)	$d < \frac{1}{10}D$	$d < \frac{1}{10}D$	$d < \frac{1}{5}D$

(一)原状土试样制备

(1)对于较软的土样,先用钢丝锯或切土刀切取一稍大于规定尺寸的土柱,放在切土盘的上、下圆盘之间,然后用钢丝锯紧靠侧板,由上往下细心切削,边切削边转动圆盘,直至土样被削成规定的直径为止。

(2)对于较硬的土样,先用切土刀切取一稍大于规定尺寸的土柱,放在切土架上,用切土器切削土样,边削边压切土器,直至切削到超出试样高度约 2 cm 为止。

(3)取出试样,并用对开模套上,然后将两端削平,称量,并取余土测定试样的含水率。

(二)扰动土试样和砂土试样制备

对于扰动土试样,按预定的干密度和含水率将扰动土拌匀,然后分层装入击实筒内击实,粉质土分 3 ~5 层,黏质土分 5 ~8 层,并在各层面上用切土刀刨毛以利于两层面之间结合。

对于砂土,先在压力室底座上依次放上透水石、滤纸、乳胶薄膜和对开圆模筒,然后根据一定的密度要求,分 3 层装入圆筒内击实。如果制备饱和砂样,可在圆模筒内通入纯水至1/3高。将预先煮沸的砂料填入，重复此步骤，使砂样达到预定高度，放入滤纸、透水石、顶帽，扎紧乳胶膜。为使试样内部施加5 kPa的负压力，将量水管水头降低50 cm即可，然后拆除对开模筒。

二、试样饱和

（一）真空抽气饱和法

将制备好的土样放入饱和器内置于真空饱和缸，为提高真空度，可在盖缝中涂上一层凡士林，以防漏气。将真空抽气机与真空饱和缸接通，开动抽气机，当真空压力达到一个大气压时，微微开启管夹，使清水徐徐注入真空饱和缸的试样中，待水面超过土样饱和器后，使真空表压力保持一个大气压不变即可停止抽气。然后静置10 h左右，使试样充分吸水饱和。也可将试样装入饱和器后，先浸没在带有清水注入的真空饱和缸内，连续真空抽气2~4 h，然后停止抽气，静置12 h左右即可。

（二）水头饱和法

将试样装入压力室内，施加20 kPa周围压力，使无气泡的水从试样底座进入，待上部溢出，水头高差一般在1 m左右，直至流入水量和溢出水量相等为止。

（三）反压力饱和法

试件在不固结不排水条件下，在土样顶部施加反压力，但同时应在试样周围施加侧压力，反压力应低于侧压力5 kPa，当试样底部孔隙压力达到稳定后，关闭反压力阀，再施加侧压力，当增加的侧压力与增加的孔隙压力的比值$\Delta u/\Delta\sigma_3 > 0.98$时，被认为是饱和，否则再增加反压力和侧压力，使土体内气泡继续缩小，直至满足$\Delta u/\Delta\sigma_3 > 0.98$时为止。

第四节　不固结不排水剪试验

不固结不排水剪（UU）试验可分为不测孔隙水压力和测孔隙压力两种。前者试样两端放置不透水板，后者试样两端放置透水石，与测定孔隙水压力装置连通。

一、操作步骤

（1）试样安装。先把乳胶薄膜装在承膜筒内，用吸气球从气嘴中吸气，使乳胶薄膜紧贴筒壁，套在制备好的试样外面，将压力室底座的透水石与管路系统及孔隙水测定装置充水并放上一张滤纸；然后将套上乳胶膜的试样放在压力室的底座上，翻下乳胶膜的下端与底座一起用橡皮筋扎紧，翻开乳胶膜的上端与土样帽用橡皮筋扎紧；最后装上压力室圆筒，并拧紧密封帽，同时使传压活塞与土样帽接触。

（2）施加周围压力σ_3。周围压力的大小根据土样埋深或应力历史来决定，若土样为正常压密状态，则3~4个土样的周围压力应在自重应力附近选择，不宜过大，以免扰动土的结构。

（3）关闭所有管路阀门，在不排水条件下加荷，同时测定试样的孔隙水压力u。

（4）调整量测轴向变形的位移计和轴向压力测力计的初始“零点”读数。

（5）施加轴向压力。启动电动机，剪切应变速率取每分钟0.5%~1.0%，当试样每产生轴向应变为0.3%～0.4%时，测记一次测力计、孔隙水压力和轴向应变，到达20%时为止。

（6）试验结束即停机，卸除周围压力并拆除试样，描述试样破坏时的形状。

二、试验记录

不固结不排水剪三轴试验记录见表12-2。

表12-2 不固结不排水剪三轴试验记录

工程名称＿＿＿＿＿＿＿＿ 试验者＿＿＿＿＿＿＿＿

工程编号＿＿＿＿＿＿＿＿ 计算者＿＿＿＿＿＿＿＿

试验日期＿＿＿＿＿＿＿＿ 校核者＿＿＿＿＿＿＿＿

试样直径 d_0＿＿cm 试样高度 h_0＿＿cm 试样面积 A_0＿＿cm^2 试样体积 V_0＿＿cm^3

试样质量 m＿＿g 试样密度 ρ_0＿＿g/cm^3 钢环系数 C＿＿N/0.01 mm 剪切速率＿＿mm/min

周围压力（kPa）	量力环读数（0.01 mm）	轴向荷重（N）	轴向变形（0.01 mm）	轴向应变（%）	应变减量	校正后试样面积（cm^2）	主应力差（kPa）	轴向应力（kPa）

三、成果整理

（1）按式（12-1）和式（12-2）计算孔隙水压力系数：

$$B = \frac{u_0}{\sigma_3} \tag{12-1}$$

$$A = \frac{u_f - u_0}{B(\sigma_1 - \sigma_3)} \tag{12-2}$$

式中 B——在周围压力 σ_3 作用下的孔隙水压力系数；

A——土体破坏时的孔隙水压力系数；

u_0——在周围压力 σ_3 作用下土体孔隙水压力,kPa；

σ_3——周围压力,kPa；

u_f——土体破坏时孔隙水压力,kPa；

σ_1——土体破坏时大主压力,kPa。

(2)按式(12-3)和式(12-4)计算轴向应变和剪切过程中的平均断面面积：

$$\varepsilon_1 = \frac{\sum \Delta h}{h_0} \times 100\% \tag{12-3}$$

$$A_a = \frac{A_0}{1 - \varepsilon_1} \tag{12-4}$$

式中 ε_1——轴向应变(%)；

$\sum \Delta h$——轴向变形,mm；

h_0——土样初始高度,mm；

A_a——剪切过程中的平均断面面积,cm^2；

A_0——土样初始断面面积,cm^2。

(3)按式(12-5)计算主应力差：

$$\sigma_1 - \sigma_3 = \frac{CR}{A_a} \times 10 = \frac{CR(1 - \varepsilon_1)}{A_0} \times 10 \tag{12-5}$$

式中 $\sigma_1 - \sigma_3$——主应力差,kPa；

σ_1——大主压力,kPa；

σ_3——小主压力,kPa；

C——测力计率系数,N/0.01 mm；

R——测力计读数,0.01 mm；

10——单位换算系数。

(4)绘制主应力差与轴向应变关系曲线。以主应力差($\sigma_1 - \sigma_3$)为纵坐标,以轴向应变 ε_1 为横坐标,绘制主应力差与轴向应变关系曲线(见图12-9)。若有峰值,取曲线上主

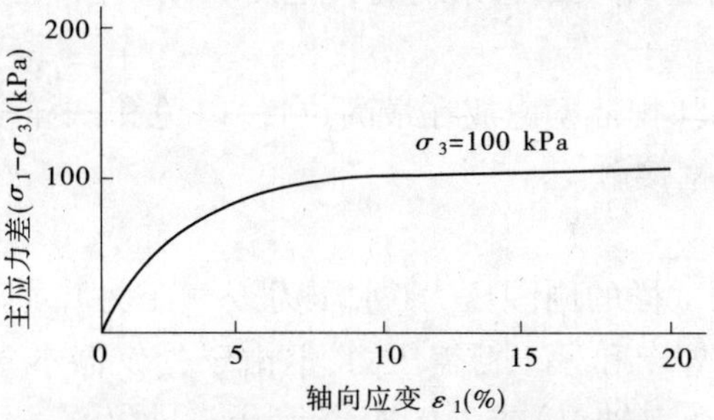

图12-9 主应力差与轴向应变关系曲线

应力差的峰值作为破坏点；若无峰值，则取 15% 轴向应变时的主应力差值作为破坏点。

(5)绘制强度包线。以剪应力 τ 为纵坐标，以法向应力 σ 为横坐标，在横坐标轴以对应于破坏时的$\frac{\sigma_{1f}+\sigma_{3f}}{2}$值为圆心，以$\frac{\sigma_{1f}-\sigma_{3f}}{2}$为半径，在 τ—σ 坐标系上绘制破坏总应力圆，并绘制不同周围压力下诸破坏总应力圆的包线（见图 12-10），包线的倾角为内摩擦角 φ_u，包线在纵轴上的截距为黏聚力 C_u。

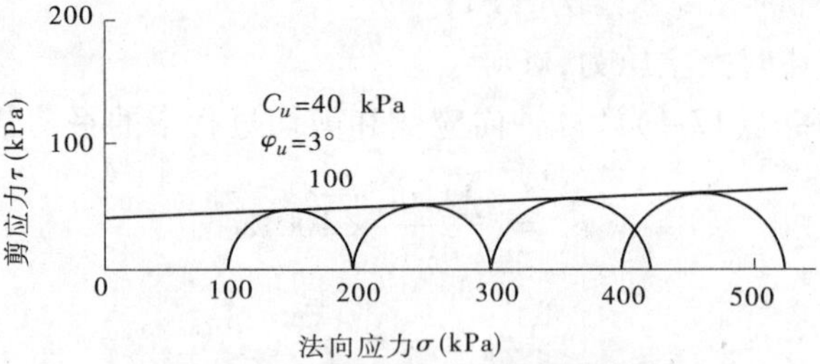

图 12-10　不固结不排水剪强度包线

第五节　固结不排水剪试验

一、操作步骤

（一）试样安装

(1)打开试样底座的阀门，使量水管里的水缓缓地流向底座，并依次放上透水石和滤纸，待气泡排除后，关闭底座阀门，再放上试样，并在试样周围贴上 7 ~9 条滤纸条。

(2)把已检查过的乳胶薄膜套在承膜筒上，两端翻起，用吸水球（洗耳球）从气嘴中不断吸气，使乳胶薄膜紧贴于筒壁，小心将它套在试样外面；然后让气嘴放气，使橡皮膜紧贴试样周围，翻起橡皮膜两端，用橡皮筋圈将橡皮膜下端紧扎在底座上。

(3)打开试样底座阀门，让量水管中的水从底座流入试样与橡皮膜之间，用笔刷在试样周围自上而下轻刷，以排除试样周围的气泡，并不时用手在橡皮膜的上口轻拉一下，以利气泡的排出，待气泡排尽后，关闭阀门。如果气泡不明显，就不必进行此步骤。

(4)打开与试样帽连通的阀门，让量水管中的水流入试样帽，并连同透水石。滤纸放在试样的上端。排尽试样上端及量管系统的气泡后关闭阀门，将橡皮膜上端翻贴在试样帽上并用橡皮筋圈扎紧。

(5)装上压力室罩，此时，活塞应放在最高位置，以免和试样碰撞，拧紧压力室罩密封帽，并使传压活塞与土样帽接触。

（二）试样固结

(1)向压力室内施加试样的周围压力（水压力或气压力），周围压力的大小根据试样的覆盖压力而定，一般应等于和大于覆盖压力，但由于受仪器本身限制，最大周围压力一般不宜超过 0.6 MPa（低压三轴仪）或 2.0 MPa（高压三轴仪）。

(2)同时测定土体内与周围压力相应的起始孔隙水压力，施加周围压力后，在不排水条件下静置 15 ~30 min,记下起始孔隙水压力读数。

(3)如果测得的孔隙水压力 u_0 与周围压力 σ_3 的比值 $u_0/\sigma_3<0.95$,需施加反压力对试样进行饱和;当 $u_0/\sigma_3>0.95$ 时,则打开上、下排水阀门,使试样在周围压力 σ_3 下达到固结稳定,一般需 16 h 以上,然后测读试样排水量,同时关闭排水阀门。

(三)试样剪切

(1)转动细挡手轮,使活塞与土样帽接触,调整量测轴向变形的位移计的初读数和轴向压力测力计的初读数,按剪切速率黏土每分钟应变 0.05% ~0.1%,粉土每分钟应变 0.1% ~0.5%,对试样施加轴向压力,并取试样每分钟应变 0.3% ~0.4%,测读测力计读数和孔隙水压力值,直至试样达到 20% 应变值为止。

(2)对于脆性破坏的试样,将会出现峰值,则以峰值作为破坏点;如果试样为塑性破坏,则按应变量 15% 作为破坏点。

(3)试验结束,关闭电动机,卸除周围压力并取出试样,描绘试样破坏时的形状并称试样质量。

二、试验记录

固结不排水剪三轴压缩试验记录见表 12-3。

表 12-3　三轴压缩试验记录

工程名称__________　　试验者__________
工程编号__________　　计算者__________
试验日期__________　　校核者__________

试样直径 d_0 _____ cm　试样高度 h_0 _____ cm　试样面积 A_0 _____ cm^2　试样体积 V_0 _____ cm^3
试样质量 m _____ g　试样密度 ρ_0 ___ g/cm^3　钢环系数 C _____ N/0.01mm　剪切速率_____ mm/min

周围压力(kPa)	量力环读数(0.01 mm)	轴向荷重(N)	轴向应变读数(0.01 mm)	量水管读数(cm^3)	试样体积变化(cm^3)	体积变化百分数(%)	轴向应变(%)	应变减量	校正后试样面积(cm^2)	应力差(kPa)	孔隙水压力读数(kPa)	孔隙水压力(kPa)	孔隙水压力系数	
													B	A

三、成果整理

(1)按式(12-1)和式(12-6)计算孔隙水压力系数:

$$\left.\begin{aligned} B &= \frac{u_c}{\sigma_3} \\ A &= \frac{u_f}{B(\sigma_1 - \sigma_3)} \end{aligned}\right\} \tag{12-6}$$

式中 B——在周围压力 σ_3 作用下的孔隙水压力系数;

A——土体破坏时的孔隙水压力系数;

u_0——在周围压力 σ_3 作用下土体孔隙水压力,kPa;

σ_3——周围压力,kPa;

u_f——土体破坏时孔隙水压力,kPa;

σ_1——土体破坏时大主压力,kPa。

(2)按式(12-7)和式(12-8)计算试样固结后的高度和面积:

$$h_c = h_0(1 - \varepsilon_0) = h_0\left(1 - \frac{\Delta V}{V_0}\right)^{1/3} \approx h_0\left(1 - \frac{\Delta V}{3V_0}\right) \tag{12-7}$$

$$A_c = \frac{\pi}{4}d_0^2(1 - \varepsilon_0)^2 = \frac{\pi}{4}d_0^2\left(1 - \frac{\Delta V}{V_0}\right)^{2/3} \approx A_0\left(1 - \frac{2\Delta V}{3V_0}\right) \tag{12-8}$$

式中 V_0——试样固结前的体积,cm^3;

h_0——试样固结前的高度,cm;

d_0——试样固结前的直径,cm;

ΔV——试样固结后的体积改变量,cm^3;

A_c——剪切过程中平均断面面积,cm^2;

h_c——试样固结后的高度,cm。

(3)按式(12-9)和式(12-10)计算试样剪切过程中的轴向应变和平均断面面积:

$$\varepsilon_1 = \frac{\sum \Delta h}{h_c} \times 100\% \tag{12-9}$$

$$A_a = \frac{A_c}{1 - \varepsilon_1} \tag{12-10}$$

式中 ε_1——试样剪切过程中的轴向应变(%);

$\sum \Delta h$——试样剪切时的轴向变形,mm;

A_a——试样剪切过程中的平均断面面积,cm^2。

(4)按式(12-11)计算主应力差:

$$\sigma_1 - \sigma_3 = \frac{CR}{A_a} \times 10 = \frac{CR(1 - \varepsilon_1)}{A_c} \times 10 \tag{12-11}$$

式中 $\sigma_1 - \sigma_3$——主应力差,kPa;

σ_1——大主压力,kPa;

σ_3——小主压力,kPa;

C——测力计率定系数,N/0.01 mm;

R——测力计读数,0.01 mm;

10——单位换算系数。

(5)按式(12-12)~式(12-14)计算试样有效主应力。

①有效大主应力:

$$\sigma'_1 = \sigma_1 - u \tag{12-12}$$

式中 σ'_1——有效大主压力,kPa;

u——孔隙水压力,kPa。

②有效小主应力:

$$\sigma'_3 = \sigma_3 - u \tag{12-13}$$

式中 σ'_3——有效小主压力,kPa。

③有效主应力比:

$$\frac{\sigma'_1}{\sigma'_3} = 1 + \frac{\sigma'_1 - \sigma'_3}{\sigma'_3} \tag{12-14}$$

(6)以主应力差($\sigma_1 - \sigma_3$)为纵坐标,以轴向应变 ε_1 为横坐标,绘制主应力差与轴向应变关系曲线(见图 12-9)。若有峰值,取曲线上主应力差的峰值作为破坏点;若无峰值,则取 15% 轴向应变时的主应力差值作为破坏点。

(7)以有效主应力比$\frac{\sigma'_1}{\sigma'_3}$为纵坐标,以轴向应变 ε_1 为横坐标,绘制有效应力比与轴向应变关系曲线(见图 12-11)。

(8)以孔隙水压力 u 为纵坐标,以轴向应变 ε_1 为横坐标,绘制孔隙水压力与轴向应变关系曲线(见图 12-12)。

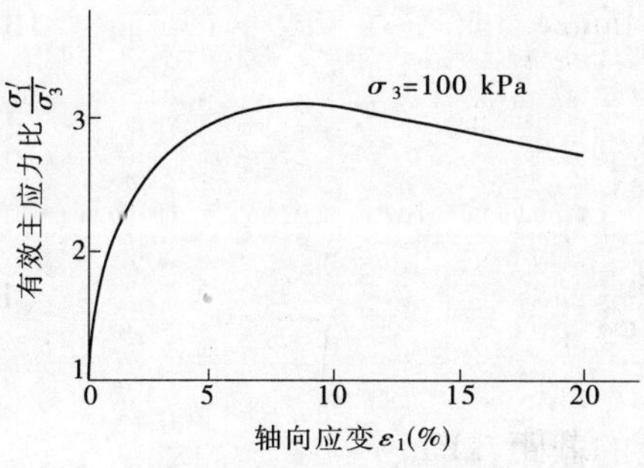

图 12-11 有效主应力比与轴向应变关系曲线

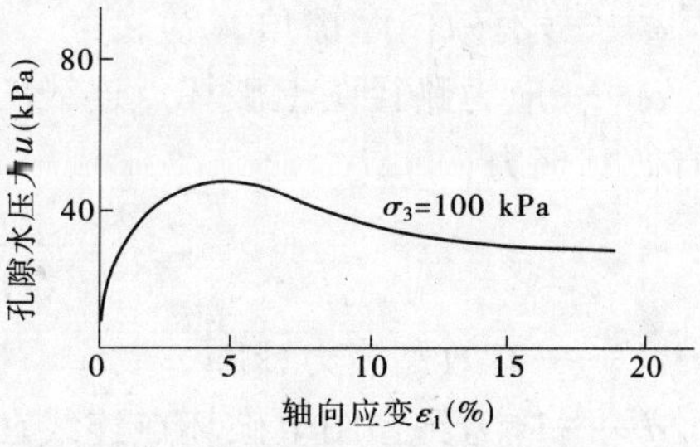

图 12-12 孔隙水压力与轴向应变关系曲线

(9)以剪应力 τ 为纵坐标,以法向应力 σ 为横坐标,在横坐标轴以对应于破坏时的$\frac{\sigma_{1f} + \sigma_{3f}}{2}$值为圆心,以$\frac{\sigma_{1f} - \sigma_{3f}}{2}$为半径,在 τ—σ 坐标系上绘制破坏总应力圆,并绘制不同周围压力下诸破坏总应力圆的包线,包线的倾角为内摩擦角 φ_u,包线在纵轴上的截距为黏聚力 C_u。对于有效内摩檫角 φ' 和有效黏聚力 C',应以$\frac{\sigma'_{1f} + \sigma'_{3f}}{2}$为圆心,以$\frac{\sigma'_{1f} - \sigma'_{3f}}{2}$为半径绘制有效破坏应力圆并作诸圆包线后确定(见图 12-13)。

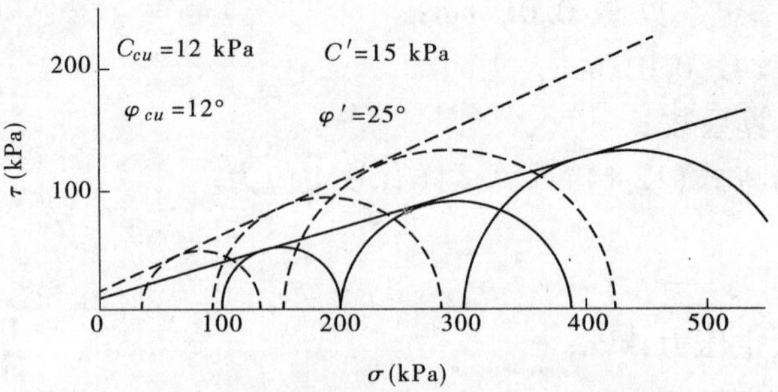

图 12-13　不固结不排水剪强度包线

(10)若各应力圆无规律,难以绘制各应力圆的强度包线,可按应力路径取值,即以$\frac{\sigma_1' - \sigma_3'}{2}$为纵坐标,以$\frac{\sigma_1' + \sigma_3'}{2}$为横坐标,绘制有效应力路径曲线(见图 12-14),并按式(12-15)和式(12-16)计算有效内摩檫角和有效黏聚力。

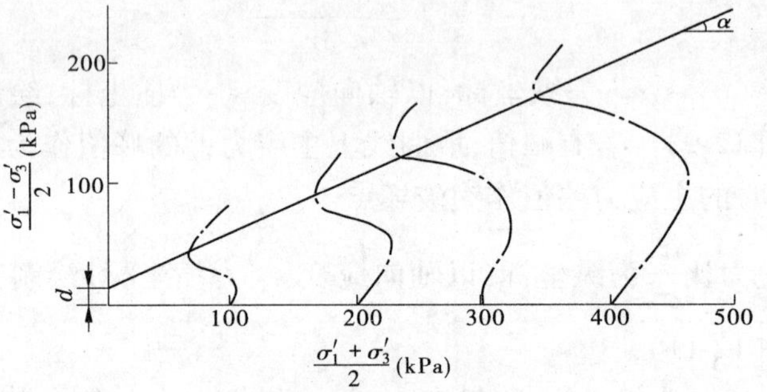

图 12-14　有效应力路径曲线

有效内摩擦角:

$$\varphi' = \arcsin(\tan\alpha) \tag{12-15}$$

式中　φ'——有效内摩擦角,(°);

α——应力路径图上破坏点连线的倾角,(°)。

有效黏聚力:

$$C' = \frac{d}{\cos\varphi'} \tag{12-16}$$

式中　C'——有效黏聚力,kPa;

d——应力路径图上破坏点连线在纵轴上的截距,kPa。

第六节　固结排水剪试验

固结排水剪,土体在固结和剪切过程中不存在孔隙水压力的变化,或者说,试件在有效应力条件下达到破坏。

固结排水剪试验对于砂性土或粉质土,由于渗透性较大,故可采用土样上端排水下端检测孔隙水压力是否在增长,从而调整剪切速率。对于渗透性较小的黏性土类土,则采用土样两端排水,剪切速率可采用每分钟应变 0.003% ~0.012%,或按式(12-17)和式(12-

18）估算剪切速率：

$$t_f = \frac{20h^2}{\eta C_V} \tag{12-17}$$

$$\dot{\varepsilon} = \frac{\varepsilon_{max}}{t_f} \tag{12-18}$$

式中 t_f——试样破坏历时，min；

h——排水距离，即试样高度的一半（两端排水），cm；

C_V——固结系数，cm^2/s；

η——与排水条件有关的系数，一端排水时，$\eta = 0.75$，两端排水时，$\eta = 3.0$；

$\dot{\varepsilon}$——轴向应变速率，%/mm；

ε_{max}——估计最大轴向应变（%）。

一、操作步骤

（1）试样的安装与 CU 试验相同。

（2）周围压力应大于土的先期固结压力；而对于正常压密土，周围压力则可大于自重应力。

（3）施加周围压力 σ_3 后，应在不排水条件下测定孔隙水压力，如果测得的孔隙水压力 u_0 与周围压力 σ_3 的比值 $u_0/\sigma_3 < 0.95$，需施加反压力对试样进行饱和；当 $u_0/\sigma_3 > 0.95$ 时，则打开上、下排水阀门，使试样在周围压力 σ_3 下达到固结稳定，可按排水量与时间关系来确定主固结完成的时间，也可以 24 h 为排水固结稳定时间。

（4）当排水固结完成后，应测记排水量，以修正土体固结后的面积和高度。

（5）将测力环读数和轴向位移计调至"零"位读数。

（6）按排水剪的剪切速率，施加轴向压力，并按试样每产生轴向应变 0.3% ~0.4%，量测轴向压力和排水管读数，直至试样达到 20% 应变值为止。

二、试验记录

固结排水剪三轴压缩试验记录见表 12-3。

三、成果整理

（1）按式（12-1）计算孔隙水压力系数。

（2）按式（12-7）和式（12-8）计算试样固结后的高度和面积。

（3）按式（12-9）计算试样剪切过程中的应变值。

（4）按式（12-19）计算试样剪切过程中的平均断面面积：

$$A_a = \frac{V_c - \Delta V_i}{h_c - \Delta h_i} \tag{12-19}$$

式中 ΔV_i——剪切过程中试样的体积变化，cm^3；

Δh_i——剪切过程中试样的高度变化，cm。

（5）按式（12-20）计算试样剪切过程中的主应力差：

$$\sigma_1 - \sigma_3 = \frac{CR}{A_a} \times 10 = \frac{CR(1 - \varepsilon_1)}{A_c - \frac{\Delta V}{h_c}} \times 10 \tag{12-20}$$

式中　ΔV——剪应力作用下的排水量，即剪切开始时量水管初读数与某剪应力下量水管读数之差（取绝对值），cm^3。

（6）按式（12-14）计算有效主应力比。

（7）以剪应力 τ 为纵坐标，以法向应力 σ' 为横坐标，在横坐标轴以对应于破坏时的 $\frac{\sigma'_{1f}+\sigma'_{3f}}{2}$ 值为圆心，以 $\frac{\sigma'_{1f}-\sigma'_{3f}}{2}$ 为半径，在 $\tau—\sigma'$ 坐标系上绘制破坏总应力圆，并绘制不同周围压力下诸破坏总应力圆的包线，包线的倾角为内摩擦角 φ_d，包线在纵轴上的截距为黏聚力 C_d（见图 12-15）。

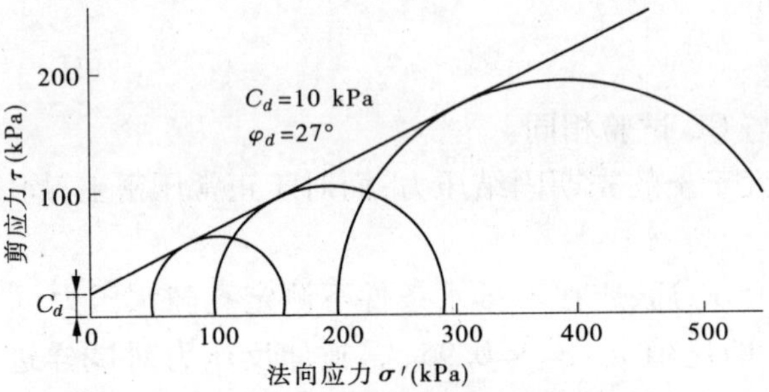

图 12-15　固结排水剪强度包线

（8）若各应力圆无规律，难以绘制各应力圆的强度包线，可按应力路径取值，即以 $\frac{\sigma'_1-\sigma'_3}{2}$ 为纵坐标，以 $\frac{\sigma'_1+\sigma'_3}{2}$ 为横坐标，绘制有效应力路径曲线（见图 12-14），并按式（12-15）和式（12-16）计算有效内摩檫角和有效黏聚力。

第七节　一个试样多级加荷三轴压缩试验

当遇到试样不均匀或无法切取 3 ~4 个试样时，可采用一个试样多级加荷的方法进行三轴压缩试验，适用于原状土或人工制备的黏性土和砂性土。采用一个试样进行多级加荷，避免一个试样的代表性低于多个试样的代表性，因此只有在无法取得多个试样的情况下，才采用对一个试样进行多级加荷的方法。

一、操作步骤

（一）不固结不排水剪（UU）试验

（1）周围压力一般可分为 3 ~4 级进行，剪切速率取每分钟为 0.5% ~1%，读数按应变增量 0.3% ~0.4% 测记一次。

（2）第一级周围压力可按 50 kPa 或 100 kPa 施加，以后各级可以按第一级周围压力的一倍、两倍、三倍递增。

（3）施加第一级周围压力后，即对试样进行剪切，当测力计读数达到稳定或出现倒退时，测记测力计和轴向变形读数，同时立刻关闭电动机停止剪切，并将轴向压力退至零。

(4)施加第二级或以后各级周围压力下剪切试验，对于脆性破坏结构性强的土样或砂性土，土的破坏应变一般小于5%，甚至小于3%，因此当破坏应力出现时，即可施加下一级周围压力；而对于塑性破坏的试样，破坏应变应控制在5%～7%，然后施加下一级周围压力，累计应变不可超过20%。

(二)固结不排水剪试验(CU)

(1)对试样进行固结，开始施加的第一级周围压力一般为50 kPa，也可考虑大于或等于土体的自重应力，第二级及以后各级周围压力可以按第一级周围压力的一倍、两倍、三倍递增，也可根据三轴仪允许的周围压力分3～4级施加。

(2)第一级周围压力施加后，待土样固结排水稳定，关排水阀，然后对试样在不排水的条件下进行剪切，当测力计读数达到稳定或出现倒退时，测记测力计和轴向变形读数，同时立刻关闭电动机停止剪切，并将轴向压力退至零。

(3)当第一级周围压力剪切破坏后，应卸除轴向压力，待孔隙压力达稳定后再施加下一级周围压力，最后一级周围压力下剪切累计应变不应超过20%。

试验完毕。取出试件称量，并测定试验后试样的含水量。

二、成果整理

(一)试样面积和高度修正

(1)不固结不排水剪试验剪切时试样的轴向应变和面积修正按式(12-21)、式(12-22)计算：

$$\varepsilon_1 = \frac{\Delta h}{h_0} \tag{12-21}$$

$$A_a = \frac{A}{1 - \varepsilon_1} \tag{12-22}$$

(2)固结不排水剪试验施加第一级周围压力后试样的高度和面积修正按式(12-23)～式(12-26)计算。

①固结后试样的高度和面积修正：

$$h_c = h_0\left(1 - \frac{\Delta V}{V_0}\right)^{1/3} \tag{12-23}$$

$$A_c = A_0\left(1 - \frac{\Delta V}{V_0}\right)^{2/3} \tag{12-24}$$

②剪切时试样的轴向应变和面积修正：

$$\varepsilon_1 = \frac{\Delta h}{h_c} \tag{12-25}$$

$$A_a = \frac{A_c}{1 - \varepsilon_1} \tag{12-26}$$

(3)固结不排水剪试验其他各级周围压力下试样的高度和面积修正按式(12-27)～式(12-30)计算。

①固结后试样的高度和面积修正：

$$h_{ci} = h_{0i}\left(1 - \frac{\Delta V_i}{V_{0i}}\right)^{1/3} \tag{12-27}$$

$$A_{ci} = A_{0i}\left(1 - \frac{\Delta V_i}{V_{0i}}\right)^{2/3} \tag{12-28}$$

②剪切时试样的轴向应变和面积修正：

$$\varepsilon_{1i} = \frac{\Delta h_i}{h_{ci}} \tag{12-29}$$

$$A_{ai} = \frac{A_{ci}}{1 - \varepsilon_{1i}} \tag{12-30}$$

(二)应力计算

(1)不固结不排水剪各级周围压力下的偏应力计算：

$$\sigma_1 - \sigma_3 = \frac{CR}{A_0} \times 10 = \frac{CR(1 - \varepsilon_1)}{A_0} \times 10 \tag{12-31}$$

(2)固结不排水剪第一级周围压力下的偏应力计算：

$$\sigma_1 - \sigma_3 = \frac{CR}{A_c} \times 10 = \frac{CR(1 - \varepsilon_1)}{A_c} \times 10 \tag{12-32}$$

(3)固结不排水剪其他各级周围压力下的偏应力计算：

$$\sigma_1 - \sigma_3 = \frac{CR}{A_{ci}} \times 10 = \frac{CR(1 - \varepsilon_{1i})}{A_{ci}} \times 10 \tag{12-33}$$

(4)有效主应力比：

$$\frac{\sigma_1'}{\sigma_3'} = 1 + \frac{\sigma_1 - \sigma_3}{\sigma_3'} \tag{12-34}$$

式中 A_0——试样起始面积，cm^2；

A_a——剪切过程中试样修正面积，cm^2；

A——CU 试验其他各级压力下固结后面积，cm^2；

A_{ai}——CU 试验其他各级压力下剪切终了面积，cm^2；

h_0——试样起始高度，cm；

h_c——第一级周围压力固结后试样高度，cm；

h_{ci}——CU 试验其他各级压力下固结后高度，cm；

h_{0i}——CU 试验其他各级压力下剪切终了高度，cm；

ε_i——各级周围压力下剪切时(终)轴向应变(%)；

ΔV——第一级周围压力下排水量，mL；

ΔV_i——其他各级周围压力排水量，mL；

V_0——试样起始体积，cm^3；

V_{0i}——各级周围压力下试样体积，cm^3；

R——测力环读数，0.01 mm；

C——测力环系数，N/0.01 mm；

σ_1'——有效大主应力，kPa，$\sigma_1' = \sigma_1 - u$；

σ_3'——有效小主应力,kPa,$\sigma_3' = \sigma_3 - u$;

u——孔隙水压力,kPa。

(三)制图

(1)绘制不固结不排水剪应力—应变关系曲线(见图 12-16)。

(2)绘制固结不排水剪应力—应变关系曲线(见图 12-17)。

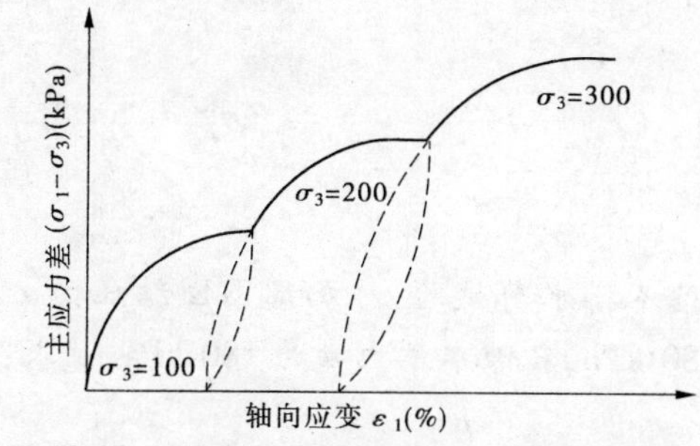

图 12-16　不固结不排水剪应力—应变关系

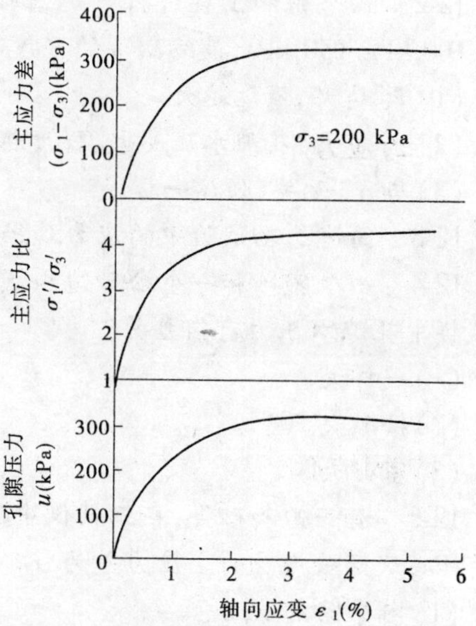

图 12-17　固结不排水剪应力—应变关系

(3)绘制一个试样固结不排水剪的强度包线(见图 12-18)。

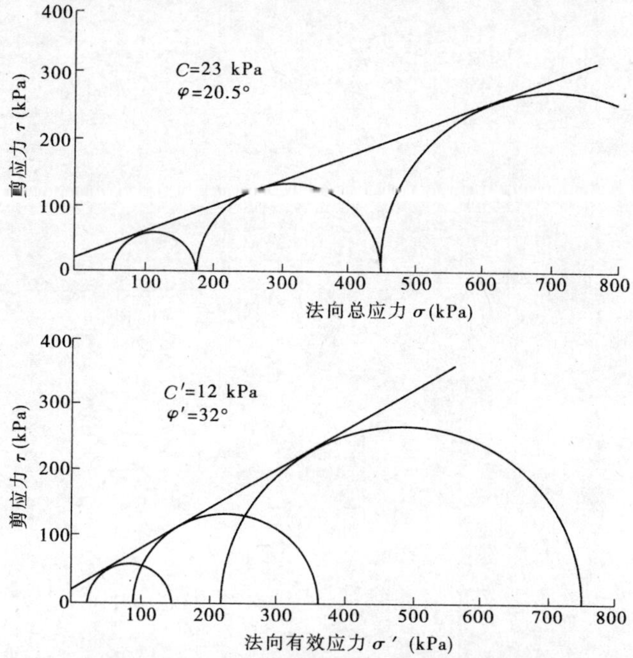

图 12-18　一个试样固结不排水剪强度包线

思考题

12-1　三轴压缩试验和直剪试验有什么不同？为什么三轴压缩试验更接近地基土的真实情况？

12-2　三个饱和土样进行常规三轴不固结不排水剪试验，其周围压力 σ_3 分别为 50 kPa、100 kPa、150 kPa，最终测得的强度有何差别？

(1) σ_3 越大，强度越大。

(2) σ_3 越大，孔隙水压越大，强度越小。

(3) 与 σ_3 无关，强度一样。

12-3　简述三轴试验中的应力路径对抗剪强度指标的影响。

12-4　一个密砂和一个松砂饱和试样，进行常规三轴不固结不排水剪试验，试问破坏时试样中孔隙水压力有何差异？

(1) 一样大。

(2) 松砂大。

(3) 密砂大。

12-5　有一饱和砂样，在三轴仪中进行固结不排水剪试验，施加周围固结压力 σ_3 为 200 kPa，试样破坏时的主应力差为 $\sigma_1 - \sigma_3 = 280$ kPa，孔隙水压力 u 为 180 kPa，试求：

(1) 内摩擦角 φ_{cu}。

(2) 有效内摩擦角 φ'。

(3) 最大剪应力面是否破坏？为什么？

附表　土工试验成果总表

工程名称：

委托单位：

土样编号	土的物理性质指标								液塑限试验		塑性指数 I_P	液性指数 I_L	土粒组成(mm)								不均匀系数 c_u	曲率系数 c_c	级配情况	相对密度试验		击实试验		力学性质指标						土的名称
													粗粒土						细粒土									渗透性	抗剪强度指标		压缩性指标			
	含水率 ω	湿密度 ρ	土粒比重 G_s	干密度 ρ_d	孔隙比 e	饱和度 S_r	有效重度 γ'	饱和重度 γ_{sat}	液限 ω_L	塑限 ω_P			>20	20～5	5～2	2～0.5	0.5～0.25	0.25～0.075	0.075～0.005	≤0.005				最大干密度 ρ_{max}	最小干密度 ρ_{min}	最大干密度 ρ_{max}	最优含水率 ω_{0p}	渗透系数 K_{20}	内摩擦角 φ	黏聚力 C	压缩系数 a_{1-2}	压缩模量 E_{s1-2}	压缩性	
	%	g/cm³		g/cm³		%	kN/m³	kN/m³	%	%														g/cm³	g/cm³	g/cm³	%	cm/s	(°)	kPa	1/MPa	MPa		
1																																		
2																																		
3																																		
4																																		
5																																		
6																																		
7																																		
8																																		

试验单位：　　　　技术负责人：　　　　审核人：　　　　试验人：

参 考 文 献

[1] 中华人民共和国水利部. GB/T 50123—1999 土工试验方法标准[S]. 北京:中国计划出版社,1999.

[2] 中华人民共和国水利部. SL 237—1999 土工试验规程[S]. 北京:中国水利水电出版社,1999.

[3] 袁聚云. 土工试验与原理[M]. 上海:同济大学出版社,2003.

[4] 南京水利科学研究院土工研究所. 土工试验技术手册[M]. 北京:人民交通出版社,2003.

[5] 王玉珏. 土工试验与土力学教学指导[M]. 郑州:黄河水利出版社,2004.

[6] 务新超. 土力学[M]. 郑州:黄河水利出版社,2003.